多规合一

朱江　尹向东　杨箐丛　潘安　著

中国建筑工业出版社

前　言

本书于2015年立题，彼时"多规合一"试点工作方兴未艾，笔者参与其中，感触良多，动笔之初意欲记载《规模、边界与秩序："三规合一"探索与实践》，之后结合国家"多规合一"各项试点工作的探索之路，写一部"多规合一"演义，梳理和分析"多规"之矛盾、探索和总结"多规合一"之路径。

但一路撰写下来，几易其稿，迟迟不能收笔，只因书稿着手之时，正值改革之期，国家"多规合一"和空间规划改革的创新政策不断推出，各种变化纷繁，争议颇多，总觉不能言尽"多规合一"变化趋势和发展方向。

书稿撰写的四年间是"多规合一"从国家试点到体制重构的重大变化期。无论是市县"多规合一"部委试点，还是省级空间规划试点都意欲从地方实际出发，探索解决空间性规划各种冲突矛盾的解决方案，这些试点工作给国家全面的空间规划体系重构提供了技术、行政等方面的实践经验，也表达了地方对"多规合一"工作的热切渴望。但是这些试点在我国自上而下的各种空间规划的规划体系约束下，开展"多规合一"的方式方法呈现了不同形态，部门化倾向显现。地方在不断实践探索的同时，也在期待国家"多规合一"改革方向的明确。

与此同时，也是本书起笔的同一年——2015年，《生态文明体制改革总体方案》推出，构建空间规划体系成为生态文明体制改革中八项制度之一。在生态文明理念下，重构保护和开发关系，以全新视角审视以往几十年各类空间规划发展历程和历史使命，寻求新思路、新路径是赋予"多规合一"工作的重要使命。空间规划价值取向和逻辑体系发生了重大变革。

地方盼望与国家要求交织。从2015到2018年，三年酝酿，十九届三中全会《中共中央关于深化党和国家机构改革的决定》和十三届全国人大一次会议提出组建自然资源部，并将重构空间规划体系，实现"多规合一"的重任交于这个新组建的部门。"多规合一"进入体系重构的新纪元。2019年5月，《中共中央国务院关于建立国土空间规划体系并监督实施的若干意见》发布，提出"五级三类四体系"的国土空间规划体系构建任务，这标志着"多规合一"迈向了国土空间规划时代，在统一规划行政体系基础上，技术体系、编制体系、法律体系都面临着重构的过程。

空间是政府实施治理的载体，也是我们进行空间规划的基础，通过合理的规划引导形成安全和谐、可持续发展、富有竞争力的空间是"多规合一"工作的目标。全国统一、相互衔接、分级管理的空间规划体系是实施"多规合一"的根本保障。本书结合笔者参与的广州、厦门、宁夏回族自治区、榆林、临湘、德清等地"多规合一"和国土空间规划编制实践工作，在总结"多规合一"发展历程基础上，分析国土空间规划改革要求，从确定规划底图底数、实施科学评价、制定空间发展战略、明确空间管控和用途管制要求、制定空间政策和规划传导机制、建立信息平台等方面探索国土空间规划编制和管理方法，思考新时代实现"多规合一"的技术路径和管理方式。

国土空间规划体系的构建还在不断推进，实现"多规合一"的道路还在继续，笔者希望本书的实践探索和技术研究可以引发广大规划技术和管理人员一点小小思考，也希望与广大同仁共同努力，为空间规划改革继续贡献自己的一份微薄之力。

目　录

前言

第一章　探索中前行：从"多规合一"到国土空间规划

第一节　空间规划之争 ……………………………………………… 001

第二节　"多规合一"实践与探索 ………………………………… 006

第三节　迈向国土空间规划 ………………………………………… 017

第二章　寻找真实世界：求真归真保真，夯实规划基础

第一节　说不清的规划现状 ………………………………………… 025

第二节　从现状调查到规划底图底数 ……………………………… 034

第三节　生态文明时代呼唤"双评价"工作 ……………………… 038

第三章　守望共同梦想：战略目标制定与传导

第一节　战略思维下的空间规划发展 ……………………………… 048

第二节　目标—战略—指标的统一与传导 ………………………… 059

第四章　塑造美丽国土：统筹全域空间管控

第一节　空间管控的冲突与矛盾 …………………………………… 071

第二节　基于底线思维的空间管控探索 …………………………… 076

第三节　国土空间规划三线统筹划定 091

第五章　融入和谐自然：统一国土空间用途管制

第一节　用途管制制度的演变 100

第二节　国土空间用途管制 105

第六章　迈向存量时代，创新建设用地规划与管控

第一节　存量规划时代的到来 117

第二节　存量规划的统筹编制 120

第三节　存量规划政策工具的创新 128

第七章　构建有序体系：基于事权的规划传导

第一节　国家意志与地方事权的对话 145

第二节　总体规划与专项规划的是与非 155

第八章　拥抱智慧城市：国土空间规划的技术革命

第一节　从CAD走向AI时代 164

第二节　智慧城市下的国土空间规划信息平台框架设想 170

参考文献 174

后记 179

第一章 探索中前行：
从"多规合一"到国土空间规划

第一节 空间规划之争

空间规划是经济、社会、文化、生态等政策的地理表达，是政府管理空间资源、保护生态环境、合理利用土地、改善民生质量、平衡地区发展的重要手段，目的是创造一个更合理的空间组织关系，平衡保护环境和发展需求，以达成社会和经济发展总的目标。空间规划具有进行公共管理和协调空间利益两大方面作用，是空间管理重要的基础条件之一。[①]事权边界清晰、管理有效的空间规划以及与之匹配的行政和法律体系是实现空间治理现代化的必要条件。随着深化改革步伐的不断推进，我国的空间管理正按照治理现代化的目标迈进，这对空间规划的编制及实施管理带来了新要求。

①欧洲空间规划制度概要，1997。

但是现实情况并不容乐观。新中国成立之后，按照不同法律规定和政策需要，我国空间规划从无到有，逐步制定并形成了众多不同类型、不同层级的空间规划。按照目前的法律及规章要求，需要编制的规划大约有20类、30种。这些规划分属于不同的行政部门，可以说一个部门一种规划、一级政府一级规划，横向与纵向的交织构成了我国复杂的"多规"并行的空间规划体系（表1.1、图1.1）。

我国主要法定规划分类表　　　　表 1.1

部门	国家法律规定应当编制的法定规划类型数量		
	类	项	个
发改	1	1	1
住建	7	13	—
国土	3	3	242
环保	2	3	—
林业	4	5	—
农牧	3	3	72
水利	4	6	—
旅游	1	1	—
气象	1	1	—
合计	27	37	—

（表格来源：根据相关资料整理）

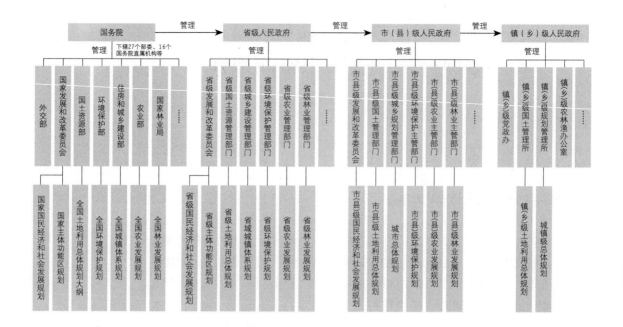

图1.1 我国复杂的规划体系（图片来源：根据相关资料自绘）

在这些庞杂的空间规划中，基本上可以分为发改系统主导编制的主体功能区规划；城乡规划系统主导编制的城乡规划；国土系统主导编制的土地利用总体规划；环保系统主导编制的环境总体规划和生态环境功能区划；林业部门主导编制的林业规划；海洋管理部门主导编制的海洋功能区规划、海洋主体功能区规划等海洋规划等（表1.2）。

我国主要的空间规划体系构成   表 1.2

编制主体	规划名称	规划特点
发改系统	主体功能区规划	分为全国—省级两级，具有战略性和政策性规划等特点
	城镇体系规划	分为全国—省级两级，具有协调性规划特点
住建系统（城乡规划）	城市（镇）总体规划	分为市级—县级—镇级，在市县域范围内编制体系规划，规划区范围划定规划分区，中心城区范围进行用地布局，具有空间综合性规划特点
	详细规划	分为控制性详细规划和修建性详细规划，是开发建设审批的直接法律依据
	村庄规划	是村庄建设管理的依据
国土系统	土地利用总体规划	分为全国—省—市—县—乡镇五级，管控型规划，体现国家自上而下对土地资源的管控要求
环保系统	生态环境功能区划	保护管控型规划，通过区划划定体现对生态环境环保
	环境总体规划	2012年开始进行试点，管控型规划
林业系统	林地保护利用规划	分为全国—省—市—县四级，管控型规划，对林地实行分级分类保护与利用
	湿地保护规划	分为全国—省—市—县四级，湿地布局和保护要求

编制主体	规划名称	规划特点
海洋系统	海洋功能区规划	分为全国一省一市，划分海洋功能分区，引导海域空间利用
农业系统	农业规划	分类型编制，包括农业产业规划、农业园区规划等
交运系统	综合交通规划	分为全国一省一市一县四级，设施类空间规划

（表格来源：根据相关资料整理）

我国规划的部门化特点十分明显。在各自部门内部，按照部门纵向管理的要求，往往分成不同层级的规划。如土地利用总体规划，按照国家、省、市、县、镇五级国土管理体系，形成了国家、省、市、县、镇五级土地利用总体规划。城乡规划在国家和省的层面形成城镇体系规划，在市县镇层面形成总体规划，在总体规划之下，编制详细规划；在农村地域编制村庄规划实施对村庄建设行为的管理。主体功能区规划重点是进行区域协调，规划层级分为国家和省两级。林业规划分为国家、省、县三级。海洋功能区规划分为国家、省、市三级。环境保护规划目前尚未有较为清晰的规划层级，环境保护总体规划的编制还在试点过程中。

各部门主导的规划在各自系统内部一般通过法律、行政管理规定和技术标准等方式实现规划纵向之间的传导。如土地利用总体规划通过规划调控指标的层层分解和严格的规划实施监管制度保障规划在纵向体系上衔接；城乡规划重点通过编制办法和技术标准的制定，由上而下控制不同层级规划的编制内容。在这些规划纵向传导的过程中，受我国事权划分过程中"行为联邦制"制度的影响，经常会产生上下不衔接的现象。其中城乡规划部门的规划在此方面表现较为明显，如某城市，代表中央管控意图的城市总体规划批准的建设用地规模585平方公里，而代表城市政府发展诉求的控制性详细规划确定的建设用地规模已达到700多平方公里，大大超过了总体规划的控制要求。这种总规与控制性详细规划的不衔接实际上是中央与地方在空间发展权的不一致，在治理体系现代化的构建过程中，如何以规划为协调平台进行多元对话与共治，实现对空间发展的一致性看法是合理处理规划纵向关系的关键。

对于同一层级的规划来说，上面提到的多个部门主导的规划，他们的规划范围基本都是地方行政辖区的范围，也就是说这些规划是在同一空间范围进行规划管控。在同一空间上进行多个规划的编制，需要规划之间明确的事权划分和相互之间充分的沟通协调。但是就目前我国空间规划编制和实施的现实情况来看，往往存在很多问题。

由于规划类型过多，各规划类型间编制要求、技术标准缺乏有效协调。这些规划受部门利益的影响，往往存在基础数据无法共享共用、规划编制时期和规划期限不一、技术标准和编制要求不同等问题，造成各类规划之间难以衔接和协调，规划之间打架现象严重。如广州市土地利用总体规划与城乡规划在建设用地布局方面存在近30万块图斑，935平方公里的差异图斑；宁夏回族自治区各类空间规划之间的差异面积达到1.2万平方公里，占全域面积的20%（图1.2、图1.3）。

空间规划秩序紊乱的根源在于空间规划管理体制的不顺。首先表现为各类空间规划的法律地位关系尚未真正明确，各级各类规划之间以及规划编制过程中的各个环节和各个方面的关系难以有效理顺。其次，缺乏统一有效的规划管理机构，规划管理权限过于分散，存在权责边界不清晰，产生分权和争利的"内耗"问题，影响了空间整体发展目标的实现。另外，空间规划之间的"多

图1.2 广州市"两规"建设用地差异图斑（图片来源：《广州市"三规合一""一张图"工作》）

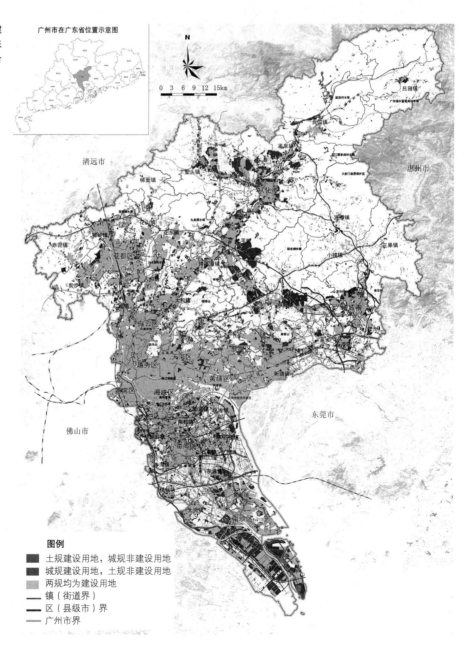

头管理"，导致在实际管理中执法主体模糊不清，很难适应市场经济管理的需要。规划协调机制的缺失，使各类规划间的协调缺乏有效途径和必要的制度保障，造成空间政策丧失整体性、统一性。如何解决规划管控差异问题，已成为城市管理者必须面对的难题。

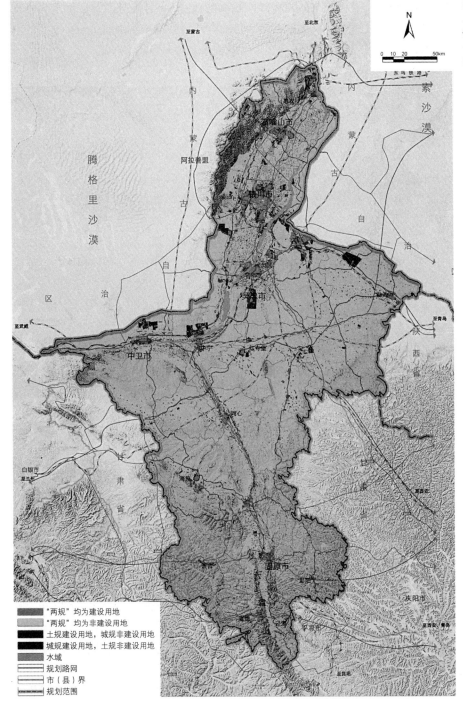

图1.3　宁夏"两规"建设用地差异图斑（图片来源：《宁夏回族自治区"三规合一"暨"多规融合""一张图"工作》）

"两规"均为建设用地
"两规"均为非建设用地
土规建设用地，城规非建设用地
城规建设用地，土规非建设用地
水域
规划路网
市（县）界
规划范围

第二节 "多规合一"实践与探索

我国空间规划体系的一系列问题给空间管理带来了诸多困惑。众多具有法律依据的规划,在同一空间上提出了不同的管控要求,使规划管理者无所适从,既降低了行政管理效率,增加了行政成本,也不利于资源的合理利用和生态环境的保护,影响了规划的公信力。地方政府面对这些问题,常常感到困惑,无所适从。规划协调和融合的工作日渐成为空间规划编制不得不面临的问题。"多规合一"一词逐渐进入了人们的视野。

"多规合一"最早开始于广西钦州,大致经历了四个阶段。

第一个阶段,早期探索期。此阶段的时间跨度为2003~2008年,主要工作体现在单部门推动"规划融合"工作和"规划"协调概念和技术手段的研究等方面。

①21世界经济报道。

2003年广西钦州发改委首先提出了"三规合一"的规划编制理念,[①]即把国民经济与社会发展规划、土地利用规划和城市总体规划的编制协调、融合起来,这可以说是我国第一例"多规合一"的地方尝试。至此"多规合一"工作拉开了序幕。

②全国规划体制改革试点城市确定苏州、宁波等六地首批试点,城市规划通讯2004(2)。

2004年,国家发展和改革委员会确定江苏苏州市、福建安溪县、广西钦州市、四川宜宾市、浙江宁波市和辽宁庄河市等六个地市县开展规划体制改革试点工作,[②]其中"三规融合"是这次规划体制改革的重要突破。

③全国规划体制改革试点城市确定苏州、宁波等六地首批试点,城市规划通讯2004(2)。

国家发改委启动这次规划体制改革试点工作的目的是改变市县经济社会发展规划太空、太虚的状况,使基层发展规划能真正成为引导并约束各类发展行为的有用的规划。改革重点是强化总体规划的功能,做实做深专项规划,增强总体规划对专项规划的指导性;建立规范的规划编制程序,加强各部门规划的衔接和协调;健全规划实施机制,将规划与政府任期目标、年度目标等挂钩。[③]

国家发改委主导的这次规划改革试点工作恰逢"十一五"规划的编制,大多试点城市结合"十一五"规划的编制开展了"三规融合"的探索。

④唐桥. 推进规划体制改革促进小康建设 [J]. 四川党的建设(城市版),2005(3).

如四川省宜宾市。宜宾市按照试点要求,结合"十一五"规划的编制,强化国民经济和社会发展规划的龙头地位,加强其对专项规划的指导作用,促进各级各类规划的有机衔接,逐步推进经济社会发展总体规划、土地利用总体规划和城市发展总体规划融合。[④]

⑤唐桥. 推进规划体制改革促进小康建设 [J]. 四川党的建设(城市版),2005(3).

规划融合过程中,宜宾市探索了地域空间功能分区的方法,将全域空间划分为综合经济区、能源建材区、生态旅游区、生态脆弱区四大功能区,明确不同地域的主体功能、发展原则和方向,同时围绕经济空间结构的优化升级,确定生产力布局、城镇体系发展的重点区域或轴线,规划交通、电力等基础设施和其他公共服务设施的布局,为统筹推进工业化和城镇化,统筹区域、城乡发展提供因地制宜、分类指导的依据。[⑤]

再如浙江省宁波市、福建安溪县等,其规划体制改革的试点工作也是与

"十一五"规划的编制工作合并在一起的。[①]

在六城市试点之初，国家发改委当时的预想是在试点基础上，全面启动全国规划体制的改革。但是这种单一部门推动的"多规合一"试点未能引发社会的广泛响应。试点工作之后，当然也未能按照国家发改委的设想全面启动全国的规划体制改革。

但是，这次试点工作却为发改系统编制空间规划奠定了基础。国家发改委在制定六城市试点方案时，针对发展规划注重发展行为的时间要求、缺乏空间秩序规定的问题，对试点提出了"经济社会发展规划向空间布局延伸"的要求。试点城市根据国家发改委的试点要求，也在各自的试点工作中进行了回应，如前文提到的四川省宜宾市制定的"四大功能区"的空间划分。

值得一提的是，与此一脉相承，在2005年10月中国共产党第十六届中央委员会第五次全体会议通过的《中共中央关于制定国民经济和社会发展第十一个五年规划的建议》中，明确提出了"各地区要根据资源环境承载能力和发展潜力，按照优化开发、重点开发、限制开发和禁止开发的不同要求，明确不同区域的功能定位，并制定相应的政策和评价指标，逐步形成各具特色的区域发展格局"的要求。之后，在《国民经济和社会发展第十一个五年规划纲要》确定了编制全国主体功能区规划，明确主体功能区的范围、功能定位、发展方向和区域政策的任务。发改委主导下的涉及空间的主体功能区规划正式浮出水面。

在发改部门积极推动"三规融合"试点的同时，地方规划或国土部门在编制城市总体规划和土地利用总体规划的过程中，也在探索城市总体规划与土地利用总体规划的协调技术方法。如广州市在编制《广州市土地利用总体规划（2005—2020年）》时，在国土部门主导下，对"两规"的技术协调和行政协调等方面进行了有益的探索。[②]

这一阶段广州市"两规"融合的探索主要限于总规层面的技术探讨，重点对"两规"用地分类标准、建设用地规模和空间发展方向进行了衔接，但未落实到具体的空间管制与空间布局上，也没有建立规划的协调衔接机制，在规划实施过程中，城乡规划与土地利用总体规划的差异还是存在，需要更深层面的规划合一工作的开展（表1.3）。

浙江省结合县域总体规划的编制，探索"两规"衔接工作。2007年浙江省住建厅要求县域总体规划中必须进行"两规"衔接工作，并通过《关于切实加强县市域总体规划和土地利用总体规划衔接工作的通知》（浙建规发〔2007〕178号）的要求，将此项工作制度化。根据《通知》的要求，"两规"衔接专题报告是浙江省县域总体规划的必备内容（图1.4）。

浙江省依托县域总体规划进行的"两规"衔接工作重点是建设用地总量和主要建设用地类别的规模衔接，缺乏空间管制分区与管制要求的衔接和空间布局的衔接等内容，使得"两规"衔接工作无法落实到具体的用地上，影响了规划融合的效果。[③]

① 宁波经济丛刊、安溪年鉴。

② 尹向东. 广州市新一轮城市总体规划与土地利用总体规划协调初步探讨 [J]. 规划+实践.

③ 吕冬敏. 浙江"两规"衔接的创新、不足与改进对策 [J]. 城市规划2015（1）.

广州市"两规"协调体系　　　　　　　　　　　　表1.3

	协调内容	协调目标
内容协调	人口协调	人口口径和人口规模取得一致
	用地规模	用地口径和用地规模取得一致
	指导思想和原则	节约和集约利用土地、控制新增建设占用农用地
	规划编制期限	修编基期控制在一个五年规划内，目标年一致
	城镇发展方向	城镇发展方向大体取得一致
	土地控制形态	适宜-控制-限制、允许-控制-禁止
	重点建设项目	依据同一个五年规划取得高度一致
标准协调	土地利用分类	城市用地、城镇用地、农村居民点用地、工矿用地
	人均用地指标	人均用地指标依据用地分类确定
方法协调	规划编制方法	自上而下、上下结合
	管理信息系统	建立"两规"统一管理信息平台、一图双规划

（表格来源：尹向东.广州市新一轮城市总体规划与土地利用总体规划协调初步探讨［J］.规划+实践。）

图1.4　浙江德清县"两规"差异协调图（图片来源：《德清县"多规合一"试点工作》）

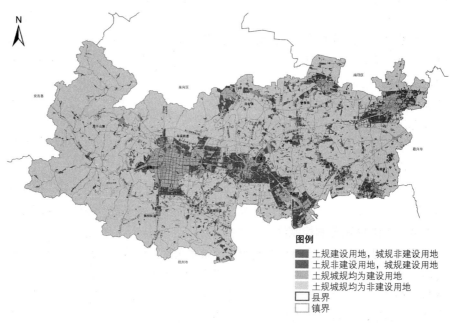

图例
- 土规建设用地，城规非建设用地
- 土规非建设用地，城规建设用地
- 土规城规均为建设用地
- 土规城规均为非建设用地
- □ 县界
- □ 镇界

　　以上提到的这些"多规合一"工作的最大特点是单部门的推动。这种单部门的工作推动模式，愿望是良好的，希望通过技术沟通或者体制机制的变革，达到解决规划矛盾、优化空间管控的目的。但是由于缺乏部门之间的有效衔接，无论是发改，还是国土或住建部门主导的"规划融合"工作都没有达到预想的效果。

时间进入2008年，这一年，国家启动了"大部制"改革。所谓"大部制"改革，即在政府机构设置上，横向整合职能和管辖范围相近、业务性质类似的政府部门，组建一个大的部门统一行使相关管辖权的管理体制。[①]

在国家"大部制"改革的大背景下，上海、武汉、深圳等城市相继对国土部门和规划部门进行了机构合并。在机构合并的过程中，上海、武汉开展了"两规融合"的探索工作。之后，一些经济较发达地区在土地资源紧约束的背景下，从促进土地集约利用、保护生态、提升城市资源利用水平的角度，立足自身空间管理问题，针对规划打架现象进行了"规划融合"技术方法的探索。

这一阶段工作的特点是地方政府的积极推动。与第一阶段比较起来，在规划融合工作组织上，更为重视政府牵头和部门合作，在工作内容上强化了空间管制和空间布局的协调和衔接。通过这一阶段工作的推动，很多地区取得了实际性的效果，并总结出来一系列值得推广的经验和方法。这一阶段主要代表城市包括上海、武汉、重庆和广州。

2008年10月，上海市将国土管理部门和城市规划部门合并为上海市规划和国土资源管理局。国土与规划管理机构的合并，既为"两规合一"工作奠定了良好的机制基础，也使"两规合一"工作成为行政管理的必然。

上海市开展"两规合一"工作时，恰逢2020年土地利用总体规划编制时期，以此为契机，上海市"以规划引领土地，以土地保障规划"为目标，积极探索"两规合一"工作模式。

按照《全国土地利用总体规划纲要（2006—2020年）》，上海市的建设用地总量为2981平方公里。而根据统计，上海市各级政府审批的城市、新城与新市镇总体规划汇总的规划建设范围在3300平方公里左右，差异在300平方公里以上。因此，上海的"两规合一"工作的重点之一是按照科学性和建设次序合理要求进行瘦身，以达到两者建设用地规模上的基本衔接。在解决规模衔接的基础上，上海市尚需解决"两规"在建设空间和保护空间的一致性问题，通过土地规划的刚性约束作用保障城市空间布局的顺利落实。

针对以上问题，上海市通过"全面比对、区县分配、范围削减、布局调整"的工作方法，在全市范围内形成基本农田保护控制线、城乡建设用地范围控制线和产业区块范围控制线"三条控制线"，并制定了管控规则。上海市根据不同控制线的实际运行特点，利用信息技术分别实行刚性管制。其中，基本农田保护控制线采取强控制模式，建设项目一旦触及基本农田保护控制线1平方米，审批系统自动识别并拒绝。城乡建设用地范围控制线、产业区块范围控制线实施次强控制，触及100平方米以上系统自动识别并发出红色警报，由后台管理进行取舍。如项目需要进一步运作下去，也必须首先调整"两规合一"图，否则难以继续。[②]

通过"两规合一"工作，上海市城市规划与土地利用总体规划统一了规划建设范围，提高了规划的实施能力，同时变革了规划管理理念，明晰了数据分析意识，提高了规划的管控能力和政策能力，取得了一定的效果。

①尹春荣．近五年来我国行政体制改革研究综述[J]．企业改革与管理，2014.03.13.

②刘珺等．从编制到实施：上海空间规划的探索与思考[C]．规划60年：成就与挑战——2016中国城市规划论文集，2016.09.24.

009

①武汉市"两规合一"《武汉国土资源和城市规划》2011年第2期。

2009年，武汉市国土资源和规划局正式成立，为开展"两规合一"工作奠定了组织保障基础。①武汉市针对"两规"编制体系的对应关系不明确、编制技术标准和内容不衔接、编制和调整方式不同等问题，按照"相互借鉴，互为依据；明确要点，理顺关系；循环对接，同编同调；延续现实，优化完善"的工作思路，探索"两规合一"工作机制，实行"两规"编制单位合署办公，构建"两规合一"的规划编制体系，建设一体化的基础研究平台，协调空间布局与建设规模，探索弹性的规划实施机制等工作方法。

武汉市首先建立了"两段五层次、主干加专项"的"两规合一"编制框架。其中，"两段"是指"导控型规划"+"实施型规划"，"五层次"是指"导控型规划"三个层次，即"城乡总体规划+市级土地利用总体规划"，"分区规划+区级土地利用总体规划"，"控规+乡级土地利用总体规划"，以及"实施型规划"两个层次，即"近期建设规划+中长期土地储备规划+功能区实施规划"和"年度实施计划+年度土地储备供应计划"。在具体编制过程中，同一层次的"两规"采取同步编制的方式，根据各自特点，循环对接规划内容。②

②张文彤等. 建立"一张图"平台，促进规划编制与管理［J］. 城市规划，2012.04.09.

其次建立了"两规"统一的编制技术基础，制定了同时适用于"两规"的现状及规划的用地分类标准，统一了基础性数据的收集和统计口径。在编制体系和技术标准衔接基础上，武汉市重点对"两规"的建设用地指标和布局进行了有效衔接，为国土资源和规划局的行政管理工作奠定了良好的基础。

2009年，重庆市发展改革委员会主导的"四规叠合"综合实施方案开始试点工作。重庆市的"四规叠合"工作充分利用全国统筹城乡综合配套改革试验区先行先试的政策，将国民经济和社会发展规划、城乡总体规划、土地利用总体规划、生态环境保护规划进行叠合和统一。

重庆市的"四规叠合"工作与一届政府的工作时限挂钩，规划期限为五年。立足于近期实施规划的特点，重庆"四规叠合"工作重点是将五年的经济社会发展目标、生态环境保护目标、耕地保护目标等与空间资源合理利用挂钩，形成一届政府的施政纲领和行动准则，并成为吸引市场主体参与建设的投资指南。③

③余军等. 综合性空间规划编制探索——以重庆市城乡规划编制改革试点为例［J］. 规划师，2009.10.1.

重庆在"四规叠合"的过程中，强调建立各级各类规划定位清晰、功能互补、统一衔接的规划体系。规划体系按层级分为市级规划、区县级规划，按类型分为国民经济和社会发展总体规划、主体功能区规划、专项规划、区域规划、区县空间发展规划以及土地利用规划、城市规划和乡镇规划、村庄规划。国民经济和社会发展总体规划是行动纲领，是其他各类规划编制的依据。

2008年，广州市按照广东省《关于争当实践科学发展观排头兵的决定》要求，在理念上探索了城市总体规划、土地利用总体规划与国民经济和社会发展规划的融合思路。2012年，广州市结合审批流程改革，在前期理念探索基础上，全面系统梳理发改、规划、国土管理部门的法定规划，在全国特大城市中，率先开展了"三规合一"的探索。

广州市"三规合一"以国民经济和社会发展规划为依据，统一城乡规划和土地利用总体规划边界，加强"三规"衔接，同时优化"三规"内容，建立信息平台，形成协调机制和理顺行政管理。

广州市"三规合一"工作在工作之初就明确了"战略引领，底线控制，消除差异，空间整合，规模约束，布局优化，平台支持，机制保障，面向管理，市区联动"的工作思路。提出"三上三下"的协调工作方法，开创了"多规合一"工作新方式。

所谓"三上三下"，是指广州市"三规合一"工作的三个阶段，每一个阶段都由"上"和"下"两个步骤组成。其中，"上"是指区级政府根据自身实际情况形成区级"三规合一"成果，并上市"三规合一"领导小组；"下"是指市"三规合一"领导小组审查区级"三规合一"成果，并下发审查意见。为更好地组织每个阶段的工作，在工作路径设计时为每一步都提出了工作目标，并明确了在这一阶段，区、县的工作任务和部门的工作任务。

广州市通过"三上三下"，重点明确市、区两级责任和部门分工，建立良好协调制度，保障市与区，规划、国土、发改等职能部门的充分沟通与协调，确保不越位、不缺位，相互补位，解决了"三规"差异和矛盾，建立了"三规合一"建设用地规模控制、建设用地增长边界控制线、生态控制线、产业区块控制等"四线"控制体系，保障"三规合一"成果质量和规划效果。

通过协调工作，广州市"三规合一"完成"一张图"、一个信息平台、一个协调机制、一个审批流程、一个监督体系、一个反馈机制等六大工作内容，构建具有广州特色的"三规合一"综合性协调管理决策机制，总体形成了"一张图"、一个信息平台、一个运行管理实施方案、一套技术标准、一个管理规定等五大工作成果，构建了一整套"三规合一"运行和实施管控体系。

以上这些以地方政府为主导的规划融合探索，主要集中在一些经济较为发达的城市和地区，是一种"自下而上"的改革行为。这些探索对保障地方经济社会发展，有效配置土地资源和提高行政效能起到了一定的作用。但是这种改革行为具有先天的不足。其原因是"多规合一"各项改革经验和成果的总结运用需要与行政体系、运行体系、法律体系密切联系。但是作为自下而上的"多规合一"工作，不得突破"法律"的红线，只能被定义为一种基于城乡空间的协调工作。这种协调工作成果的应用需要进行转换，转换方式就是协调工作成果与国民经济和社会发展规划、城乡规划和土地利用总体规划的联动。

也就是说"多规合一"成果要通过法定规划修改落实后才能用于实际管理工作中。而这种联动规则的制定，目前只能依靠地方政府的行政命令。地方政府通过行政命令建立"三规合一"与法定规划之间的协同运行关系，将"三规合一"变为隐于法定规划之后的协调手段和机制。这种方法，在实际工作中解决了"三规合一"没有法定定位的尴尬局面，但是也给"多规合一"的未来带来诸多不定的因素。①

前文讲过我国的空间规划体系是纵横交错的。地方开展的"多规合一"实践作为横向衔接的成果在被纵向控制的法定规定联动落实的过程中，往往会碰

①朱江，邓木林，潘安."三规合一"：探索空间规划的秩序和调控合力［J］. 城市规划，2015（1）.

到很多不定的因素，纵横交错的空间规划博弈关系常常导致协调成果的变形或失真。"多规合一"工作成果的有效应用呼唤统一的空间规划体系。

改革往往是"自下而上"探索和"自上而下"要求结合的产物。"多规合一"工作是由我国空间规划体系问题而产生的命题，经过十年的部门探索和地方实践，逐渐走入了国家视野。

2013年，中央城镇化工作会议提出了建立空间规划体系，推进规划体制改革的任务，同时《国家新型城镇化规划（2014—2020年）》也提出在县市层面探索经济社会发展、城乡、土地利用规划的"三规合一"或"多规合一"工作的要求。至此，"多规合一"工作进入了"自上而下"授权式改革阶段。此阶段最大的特点是国家的授权，在国家指导下，允许地方大胆改革探索。

2014年，为落实国家要求，国家发展与改革委员会、国土资源部、环境保护部、住房和城乡建设部等四部委共同确定了全国28个市县作为"多规合一"试点，寄希望于在市县层面探索"多规合一"经验，为国家空间规划体系改革凝聚共识。

在四部委联合发布的《关于并展市县"多规合一"试点工作的通知》（发改规划〔2014〕71号）中，明确提出了开展试点工作的主要任务是"探索经济社会发展规划、城乡规划、土地利用规划、生态环境保护等规划'多规合一'的具体思路，研究提出可复制可推广的'多规合一'试点方案，形成一个市县一本规划、一张蓝图。同时，探索完善市县空间规划体系，建立相关规划衔接协调机制"。

在此基础上，为有效推动试点工作，国家发展与改革委员会/环境保护部、国土资源部和住房和城乡建设部分别针对各自指导的试点城市上报的"多规合一"工作方案，提出了指导意见（表1.4）。其中：

国家发展与改革委员会、环境保护部采用一致的工作方案，针对其指导的15个市县，提出结合"十三五"工作要求，开展"多规合一"工作，形成市县发展总体规划，提出"多规合一"改革方案的工作具体要求。

国土资源部要求试点市县编制国土空间综合规划和提出"多规合一"改革方案。

住房和城乡建设部要求试点市县改革规划体制，合理整合部门规划事权，建立统一的规划委员会制度，提出"多规合一"改革方案；编制城市（县）总体规划，统筹"多规"；逐步建立统一的规划空间信息平台。

通过四部委对28个试点市县的指导方案，我们可以看出，编制统一的空间规划是大家的共识，但是如何编制这个规划，依托哪种类型的规划编制这个规划是部委争论的焦点。由此可见，"多规合一"工作，以及由此引发的空间规划体系的设立，是对空间规划事权的一次再分配，这种分配的过程中，必然会触动到现有部门利益。"多规合一"改革工作尚需国家层面进一步支持，才能突破现有体制，从根本上解决问题。

**国土资源部、国家发展与改革委员会／环境保护部、
住房和城乡建设部试点方案一览表**　　　　　表 1.4

部委	试点市县	空间规划体系	空间管控要求	体制机制改革
国家发展与改革委员会、环境保护	嘉兴、旅顺口、阿城、同江、淮安、句容、姜堰、开化、于都、获蒜、临湘、增城、贺州、绵竹、玉门	编制统领性的市县发展总体规划	将市县域划分为城镇、农业和生态三大空间	完善各类规划编制、审批和实施监管制度，健全市县空间规划衔接与协调机制
国土资源部	嘉兴、桓台、鄂州、南海、江津、南溪、榆林	编制统领性的国土空间综合规划	统筹生态红线、永久基本农田和城市开发边界"三线"划定	强化相关规划审查、健全国土空间用途管制、建立统一的规划许可、完善规划实施责任机制及加强规划实施经济手段
住房和城乡建设部	嘉兴、德清、寿县、厦门、四会、大理、富平、敦煌	编制统领性的市（县）总体规划	划定"三区"，保护与开发边界（永久基本农田保护边界、生态保护边界和城镇开发边界），四线	建立一套统筹规划编制与实施的管理制度，包括"多规合一"的工作组织机制、编制和实施过程中多部门协作和管理的体制机制

（表格来源：根据相关资料整理）

"多规合一"试点代表性城市特点总结　　　　　表 1.5

部委	试点市县	规划体系	技术内容
国家发展和改革委员会、环境保护部	嘉兴、旅顺口、阿城、同江、淮安、句容、姜堰、开化、于都、获嘉、临湘、增城、贺州、绵竹、玉门	编制统领性的市县发展总体规划	将市县域划分为城镇、农业和生态三大空间
国土资源部	嘉兴、桓台、鄂州、南海、江津、南溪、榆林	编制统领性的国土空间综合规划	坚持安全优先、用途管制的原则，统筹生态红线、永久基本农田和城市开发边界"三线"划定
住房和城乡建设部	嘉兴、德清、寿县、厦门、四会、大理、富平、敦煌	编制统领性的市（县）总体规划	划定"三区"（禁建区、限建区和适建区），保护与开发边界（永久基本农田保护边界、生态保护边界和城镇开发边界等），四线（绿线、蓝线、紫线和黄线）

（表格来源：根据相关资料整理）

　　在市县推进"多规合一"试点的基础上，省级"多规合一"工作和空间规划改革的序幕也逐渐拉开。

　　2015年6月，中央全面深化改革领导小组第十三次会议，同意海南省就统筹经济社会发展规划、城乡规划、土地利用规划等开展省域"多规合一"改革试点。要求改革试点要注意同中央确定的大的发展战略紧密结合起来，为国家战略实施创造良好条件。

为落实试点工作要求,海南省以省域为范围,从省域和市县域两个层级协同推进全省"多规合一"工作。

海南省在推进"多规合一"工作时,建立了政府主导、部门支撑、市县参与的规划编制组织架构。成立了由省长任组长、各位副省长为副组长的"多规合一"改革工作领导小组,17个省直部门全程参与改革工作。分小组、分专题、分类型统合部门规划,设置综合协调组、发展战略组、生态保护组、功能产业组、基础设施组、空间协调组、信息平台组和改革研究组8个工作小组,分头组织32项专题研究。

在"多规合一"推进过程中,2017年6月,海南省进行了机构改革,建立了海南省规划委员会,负责海南省空间类总体规划的编制、管理和督察工作。从临时的工作协调机构到常设的管理机构,海南省在"多规合一"工作过程中探索了"多规合一"工作的行政体制改革经验。这与2018年十九届三中全会提出的国家机构改革的方向基本一致。

海南省"多规合一"试点过程中,探索建立了省和市县两级空间规划编制体系。省级层面形成"1+6"的内容体系,"1"即《海南省总体规划》,是统领海南省各类空间规划的"总纲领";"6"即6个《部门专篇》,包括《主体功能区专篇》、《生态保护红线专篇》、《城镇体系专篇》、《土地利用专篇》、《林地保护专篇》和《海洋功能区划专篇》,是省级空间规划的"管控抓手"。市县总体规划在《海南省总体规划》和《部门专篇》的管控、约束和指导下编制,其成果统一纳入全省规划信息平台,最终形成全省的"一张蓝图"。

在探索空间规划行政管理体系和编制体系的同时,海南省进行了行政审批改革的试点工作。海南省在行政审批改革试点园区全面推行"六个试行"改革措施,包括规划代立项、区域评估评审代单个项目评估评审、多部门"联合验收机制"、园区准入清单等,为提升行政审批效率、深化放管服改革、推进治理体系现代化奠定了基础。

在地方试点工作的同时,中央进行了进一步的政策部署。2015年9月中共中央国务院印发《生态文明体制改革总体方案》,在该方案中明确"到2020年,构建起由自然资源资产产权制度、国土空间开发保护制度、空间规划体系、资源总量管理和全面节约制度、资源有偿使用和生态保护市场体系、生态文明绩效评价考核和责任追究制度等八项制度构成的产权清晰、多元参与、激励约束并重、系统完整的生态文明制度体系,推进生态文明领域国家治理体系和治理能力现代化,努力走向社会主义生态文明新时代",以及"构建以空间治理和空间结构优化为主要内容,全国统一、相互衔接、分级管理的空间规划体系,着力解决空间性规划重叠冲突、部门职责交叉重复、地方规划朝令夕改等问题"的要求。

由此,解决规划重叠冲突,实现"多规合一"的根本途径已经很明确地确定为构建全国统一、相互衔接、分级管理的空间规划体系。通过生态文明八项制度建设的不断推进,"多规合一"正在从技术探索迈向空间规划体系系统重构的阶段。

在体系重构的酝酿期，中央授权下的地方试点还在继续。2016年8月，中央全面深化改革领导小组第二十三次会议，同意宁夏回族自治区开展空间规划（多规合一）试点。试点的目标是完成五大体系任务（空间规划体系、管理体系、信息化体系、行政审批体系、政策法规体系），形成覆盖全域的空间规划"一张蓝图"；建立结构合理、分工明确、功能互补、产城融合、生态文明的空间格局；争取形成可复制、可推广的空间规划"宁夏经验"。从中央深改组赋予宁夏空间规划（多规合一）的试点任务要求中可以看到，"多规合一"工作的核心任务是构建空间规划体系并实施管理。

宁夏回族自治区开展空间规划（多规合一）试点工作具有良好的工作基础。

与海南省"多规合一"试点推进过程中进行机构改革不同，宁夏在试点之前，于2014年就进行了规划管理机构改革，在自治区层面成立了正厅级常设机构——规划管理委员会办公室，负责规划编制、实施和监督等统筹工作。这为空间规划试点工作奠定了良好的组织基础，实际上，在空间规划试点过程中，宁夏规划管理委员会办公室发挥了巨大的作用，成为空间规划试点工作的操盘手。

宁夏在成立规划管理委员会办公室之后，2014年底为落实宁夏空间发展战略规划，在全域开展了"三规合一"暨"多规融合"工作，通过自治区和市县的上下联动，划定了生态控制线、基本农田控制线、城镇开发边界、建设用地规模边界、产业区块控制线和基础设施廊道控制线，这也为开展空间规划工作奠定了技术基础。

在良好的工作基础上，宁夏回族自治区结合空间规划改革试点赋权，通过制度设计保障空间规划（多规合一）试点工作顺利推进和落地实施。在工作组织上，宁夏空间规划试点工作采取自治区、市县上下联动、压茬推进的工作模式，在自治区空间规划试点的基础上，同时在银川、石嘴山、吴忠、固原、中卫五个地级市和平罗、中宁、泾源三个县开展市县试点工作。

宁夏空间规划试点工作在梳理横向省级各职能部门、纵向自治区与市县政府事权的基础上，构建了从宏观到中微观、从统筹协调到具体布局的两级空间规划体系，探索"四下四上"联动编制路径，保障空间规划编制工作有序开展（图1.5）。

在制度设计上，宁夏回族自治区修订形成了《宁夏回族自治区空间规划条例》，明确了空间规划作为基础性、战略性、约束性规划的法律地位；建立健全了空间规划实施考核机制和惩处问责机制；进一步健全了规划实施社会监督和民主评议机制，强化了社会监督，充分发挥社会各界参与规划实施的主动性和创造性。

在规划体系设计上，宁夏空间规划试点工作围绕省级规划的战略性、宏观性、政策性、底线性的特点，将自治区层面空间规划工作重点放在合理制定目标战略，科学划定三区三线，明确空间开发强度，资源统筹与精准配置，协调区域性基础设施和公共服务设施布局等方面；市县空间规划工作重点是按照省

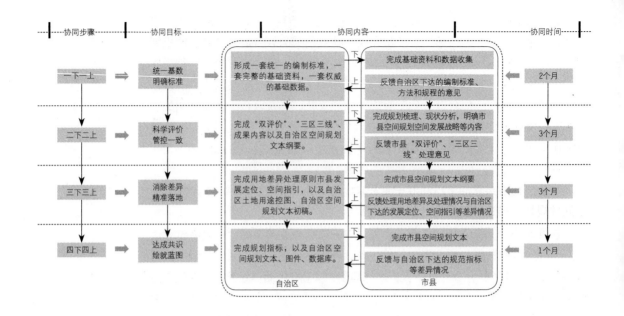

图1.5 宁夏空间规划"四下四上"图（图片来源：宁夏回族自治区空间规划（多规合一）试点工作）

级空间规划要求，制定本行政辖区空间发展战略目标、精准划定三区三线控制线，实现全域用途管制，形成"一张蓝图"。

在技术体系方面，宁夏从规划打架的源头抓起，结合宁夏实际情况，制定了10项技术标准和管理规定，从空间规划编制内容、用地分类标准、空间管控方式、审查审批制度等方面进行系统控制，形成宁夏一整套"空间规划技术规程"，强力推动试点工作（表1.6）。

宁夏空间规划技术规程一览表　　　　　表1.6

序号	名称
1	《宁夏回族自治区空间规划编制指引》
2	《宁夏回族自治区空间规划用地分类标准》
3	《宁夏回族自治区用地差异处理意见》
4	《宁夏回族自治区资源环境承载能力评价方法》
5	《宁夏回族自治区国土空间开发适宜性评价方法》
6	《宁夏回族自治区三区三线划定技术规程》
7	《宁夏回族自治区空间规划开发强度测算方法》
8	《宁夏回族自治区空间规划指标体系》
9	《宁夏回族自治区空间规划试点期间协同编制指南》
10	《宁夏回族自治区空间规划（多规合一）改革试点期间空间规划审查审批暂行办法》

（表格来源：根据相关资料整理）

　　宁夏空间规划试点还特别强化平台管理，以空间规划全流程信息化管理为目标，建立全区统一的空间规划数据中心和规划管理信息系统，实现自治区、市县空间规划"一张网"管理，为规划的实施管理提供信息化保障。

　　2017年8月中央全面深化改革领导小组第38次会议审议了宁夏回族自治区空间规划（多规合一）试点工作，会议认为宁夏的空间规划改革试点工作"探索了一批可复制可推广的经验做法"。

　　在海南、宁夏空间规划改革试点的基础上，2017年1月，中共中央办公厅、国务院办公厅印发《省级空间规划试点方案》。在试点方案中，明确了试点的目的是为贯彻落实党的十八届五中全会关于以主体功能区规划为基础统筹各类空间性规划、推进"多规合一"的战略部署，深化规划体制改革创新，建立健全统一衔接的空间规划体系，提升国家国土空间治理能力和效率（表1.7）。

全国省级空间规划试点一览表　　　　　　　　表 1.7

序号	试点省份
1	吉林省
2	宁夏回族自治区
3	河南省
4	浙江省
5	江西省
6	福建省
7	贵州省
8	广西壮族自治区
9	海南省

（表格来源：根据相关资料整理）

　　这些国家试点核心任务是探索在生态文明建设和治理体系现代化的要求下，地方如何在规划管理体系、法律体系和技术体系等方面理顺关系，为更进一步的全国全面改革汇聚人心，为空间规划体系顶层设计和制度性改革积累地方实践经验。

第三节　迈向国土空间规划

　　由问题而产生，由目标而发展的"多规合一"经过了十多年的地方实践和国家试点，在技术层面和行政管理层面探索了协调衔接的方法。"多规"之争来源于空间规划体系，"多规合一"的归宿也应是空间规划体系的重塑和完善。面向生态文明和治理体系现代化的要求，国家层面空间规划体系变革也逐渐进入了实施阶段。

2017年10月，中国共产党第十九次全国代表大会召开。在十九大报告中明确了"加强对生态文明建设的总体设计和组织领导，设立国有自然资源资产管理和自然生态监管机构，完善生态环境管理制度，统一行使全民所有自然资源资产所有者职责，统一行使所有国土空间用途管制和生态保护修复职责，统一行使监管城乡各类污染排放和行政执法职责，构建国土空间开发保护制度，完善主体功能区配套政策"的要求。

2018年3月十九届三中全会《中共中央关于深化党和国家机构改革的决定》中提到"强化国土空间规划对各专项规划的指导约束作用，推进'多规合一'，实现土地利用规划、城乡规划等有机融合"。

2018年3月十三届全国人大一次会议明确组建自然资源部。自然资源部的主要职责包括国土资源部的职责，国家发展和改革委员会的组织编制主体功能区规划职责，住房和城乡建设部的城乡规划管理职责，水利部的水资源调查和确权登记管理职责，农业部的草原资源调查和确权登记管理职责，国家林业局的森林、湿地等资源调查和确权登记管理职责，国家海洋局的职责，国家测绘地理信息局的职责。

自然资源部的组建为空间规划体系构建奠定了组织基础。按照自然资源部的三定方案，新组建的自然资源部负责建立空间规划体系并监督实施；推进主体功能区战略和制度，组织编制并监督国土空间规划和相关专项规划；开展国土空间开发适宜性评价，建立国土空间规划实施监测、评估和预警体系；组织划定生态保护红线、永久基本农田、城镇开发边界等控制线，构建节约资源和保护环境的生产、生活、生态空间布局；建立健全国土空间用途管制制度，研究拟订城乡规划政策并监督实施；组织拟订并实施土地、海洋等国土空间用途转用工作；负责土地征收征用管理。

2018年的国家机构改革标志着基于"多规合一"空间规划改革进入了新的阶段。在统一空间规划管理机构的基础上，通过空间规划编制体系、法律体系和实施管理体系的构建，空间规划将走向系统构建过程。

全国统一、相互衔接、分级管理的空间规划体系是实现"多规合一"的有力保障。就空间规划体系而言，从世界范围看主要有两种：单一体系和"多规"并行体系。目前世界上大多数国家属于单一体系的空间规划体系，如英国、德国等；而我国和日本属于"多规"并行的空间规划体系。

我们以英国为例看一下单一体系的空间规划体系是什么样子。英国的空间规划体系的确定主要通过1947年、1968年的城乡规划法确定的，1971年和1990年的规划法只是对其中的个别内容进行了修正，基本规划体系未变。按照法律规定，英国的法定规划分为结构规划和地方规划两个层级，在某些特定区域（如伦敦和其他大都会区）可将两个规划合并，编制一体发展规划。

英国的规划管理分为中央政府、郡政府和区政府三级，其中中央政府主要通过环境与交通部行使管理权力（表1.8）。

英国三级规划事权分层表 表1.8

政府	主要事权
中央政府	主要负责的基本职能包括制定有关城市规划的法规和政策，审批郡政府的结构规划和受理规划上诉，并有权干预区政府的地方规划和开发控制，以确保城市规划法的实施和指导地方政府的规划工作
郡政府	负责编制结构规划，呈报中央政府的规划主管部门审批
区政府	负责编制地方规划，不需要呈报中央政府审批，但地方规划必须与结构规划的发展政策相符合

（表格来源：根据相关资料整理）

　　由于1985年的地方政府法撤销了大都会地区的郡政府，二级规划体系与单一行政体系之间发生矛盾。1990年的城乡规划法确定在大伦敦和其他大都会地区实行一体发展规划，包括结构规划和地方规划两个部分，由区政府编制，结构规划部分呈报中央政府审批（图1.6）。[①]

①唐子来. 英国的城市规划体系［J］. 城市规划，1999（3）.

　　英国的这种单一体系的空间规划体系结构清晰，解决的重点问题是纵向上的上下层级规划之间的关系。英国在规划体系设置时，通过明确不同层级规划内容和深度，协调上下层级规划之间的关系。作为上位规划的结构规划，主要内容更多的是关注地方保护与发展平衡的问题，是为未来15年或以上时期的地区发展提供战略框架。地方规划为未来10年的地区发展制定详细政策，包括土地、交通和环境等方面，为开发控制提供主要依据。[②]

②唐子来. 英国的城市规划体系［J］. 城市规划，1999（3）.

　　日本的空间规划体系属于"多规"并行体系。日本的城市规划是建立在完善的国土规划体系基础上的。[③]按照1950年的《国土综合开发法》（2005年日本出台《国土形成规划法》，《国土综合开发法》废止）和《国土利用规划法》，日本政府应编制国土综合开发规划、国土利用计划和土地利用基本规划。全国的国土综合开发规划由国土交通省下设的国土厅规划局编制，是日本中长期空间发展战略的具体体现，对促进日本的资源有效利用、产业合理布局、区域协调发展、经济可持续发展发挥了重要作用。到目前日本全国已经编制了七轮国土综合开发规划（前五轮为全国综合开发规划，后两轮由于法的变化，称为国土形成规划）（表1.9）。

③徐颖. 日本用地分类体系的构成特征及其启示.

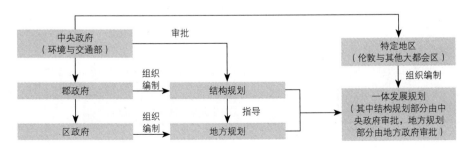

图1.6 英国的空间规划体系（图片来源：根据相关资料自绘）

日本七全综规划主题一览表　　　　　　表 1.9

名称	决议时间	基本目标	主要课题
第一次全国综合开发规划（一全综）	1962年10月	实现地区间均衡发展。从经济的观点出发寻求解决的方法。地域间的均衡发展，城市过度开发所产生的生产生活方面的各种问题，消除地区间生产力差距	1．如何防止城市过大化和消除地区间差距 2．如何将有限的自然资源有效利用 3．如何将资本、劳动力、技术等各种资源在地区间实现恰当配置
第二次全国综合开发规划（二全综）	1969年5月	创造富裕和谐的生活环境。以高福利社会为目标	1．如何使人与自然和谐发展 2．如何完善基础设施使全国国土资源得到均衡发展 3．如何利用地区特性将有限的国土资源最大效率地开发 4．如何建设舒适的文化环境
第三次全国综合开发规划（三全综）	1977年11月	人均综合环境的建设与完善。用有限的国土资源，用地区的特性文化根基建设适合人居的综合环境	1．如何实现居住环境的综合建设 2．如何进行国土资源的保护和有效利用 3．如何应对新的经济社会变化
第四次全国综合开发规划（四全综）	1987年5月	多极分散型国土结构的构建，培育多核心城市群	1．如何使定居交流区更有活力 2．如何应对国际化和世界城市功能的重新洗牌 3．如何完善和建设安全高质的国土环境
21世纪的宏伟蓝图（五全综）	1998年3月	形成多极型国土结构的基础建设，提高区域竞争力，促进区域可持续发展	1．建立独立发展并让居民引以为豪的地区 2．建立安全舒适的居住环境 3．享受及培育大自然的恩惠 4．建立有活力的经济社会 5．对世界的全面开放
国土形成规划（六全综）	2008年7月	为应对全球化和人口减少而进行国土资源管理；形成与世界同步发展的东亚一体化；通过广域区块自立连带发展大到整个国土资源的可持续发展；抗灾能力强的魅力国土；以新型公共部门为基础的地区建设	1．如何在人口减少、社会老龄化和国力衰退的背景下进行国土建设 2．如何在东亚中发挥出日本各个地域的独立个性 3．如何形成生活圈与广域地区相结合的立体的广域区块，从而带动整个日本的发展 4．如何集合各广域地区的力量，将政府、地方社团、非营利组织、企业等多样化的主题团结起来共同在公共领域发挥作用
对流促进型国土形成规划（七全综）	2015年8月	建设安全富饶的国家；具备经济持续增长活力的国家；在国际社会拥有话语权的国家	1．如何在人口持续减少劳动力不足和老龄化严重的情况下激活地区文化特色，解决养老资源设施不足的问题，实现经济社会的可持续发展 2．如何缓解持续了半个多世纪的人口资源向东京一极集中的"过密过疏"现象，实现区域均衡发展 3．如何在全球人口激增、环境污染的大背景下保障食物、淡水、能源资源的安全稳定供给 4．如何在科技发展日新月异的信息时代对抗巨大灾害和恐怖主义，建设安全富裕的国家，提高日本的国际地位和影响力

（表格来源：根据相关资料整理）

国土利用计划重点工作是"定指标"，与日本三级行政体系相对应，按照全国、都道府县、市町村三级编制。土地利用基本规划依据国土利用计划，主要任务是划定保护开发功能，在规划范围内划分"城市区"、"农业区"、"森林区"、"自然公园区"、"自然保护区"五类基本功能地域。土地利用基本规划划定功能区是《都市计划法》《农业振兴区域整治法》《森林法》《自然公园法》、《自然环境保护法》实施的空间范围，在不同功能空间范围，按照不同法编制城市规划、农业振兴规划、森林规划等专项规划。

例如，在土地利用基本规划划定的"城市区"范围内，按照《都市计划法》编制城市规划。在中央政府中，建设省的都市局是城市规划和城市建设的主管部门，主要职能是协调全国层面和区域层面的土地资源配置和基础设施建设。地方层面规划审议则由规划委员会主持。

日本通过地域划分和与之配套的法律体系，解决了"多规"并行的空间规划的事权划分问题，对我国空间规划体系的设置具有重要的借鉴意义（图1.7）。

空间规划体系是协调各级各类空间规划关系与管控边界的规则，这种规则既包括同一空间各规划之间的横向协调，也包括国家—省—市县各级规划之间的纵向传导。但是目前各地已开展的"多规合一"实践研究的重点大多是基于同一空间的横向层面协同方法的探索，对纵向上不同级别的规划空间规划事权划分的研究不多。

中国虽然在理论上和法理基础上是中央集权的单一制国家，地方政府是中央政府或者上级政府的派出机构。但是在实际操作层面，在改革开放之后，为了促进经济增长，中央政府下放部分权力到地方，使中央与地方关系呈现一种"行为联邦制"的特征[①]。因此在新空间规划体系构建过程中应基于这种"行为联邦制"的事权划分体系，加强纵向有效传导的研究。

①郑永年. 中国的"行为联邦制"中央—地方关系的变革与动力.

图1.7　日本的空间规划体系（图片来源：根据相关资料自绘）

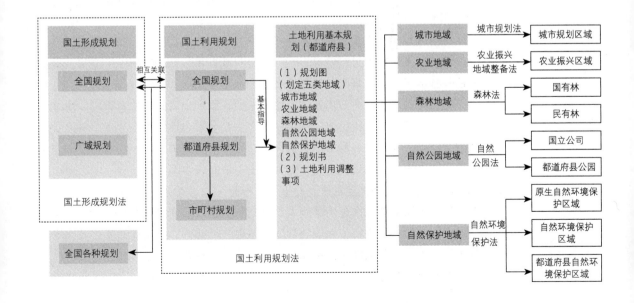

基于空间治理现代化的要求，借鉴国外空间规划体系构建的经验，在新体系的构建过程中笔者认为应完成三个方面的任务：

第一，空间规划体系要解决国家空间管控意志的传导问题，如果国家对国土空间保护与开发的管控意志传导不下去，整个空间管控就会失效，空间治理中的纵向链条将断裂。在2018年机构改革前，按照现行法律的要求，很多部门都有空间规划职能。在这么多空间规划中最能体现国家从上到下意志传导，并且传导比较好的是土地利用总体规划。全国各地在做"多规合一"工作的过程中，发现了众多的规划差异，其后面的深层次原因正是国家空间管控意志与地方发展的博弈。2017年住房和城乡建设部开展的城市总体规划试点中，也认识到了事权分层和传导的重要性，要求开展试点的城市开展此方面的研究。因此，在规范中央部门规划事权基础上，理顺中央与地方的空间管理事权，建立有效的传导监管体系是空间规划体系构建的重要内容。

第二，解决区域协调发展问题。改革开放40余年，我国经历了一个快速城镇化的过程，城市化水平从1979年的17.92%发展到2017年的57.35%。在城市化推进过程中，区域发展的不均衡和不协调已经制约了国家总体战略的实施和市场经济目标的推进，基于空间的区域统筹工作亟待加强。但现实情况是区域空间协调的无力，对于区域层面的管控，各级政府也做了大量的规划协调工作。但是规划做完如何落地实施，法律上很难找到对应的依据。像日本这些国家，在《国土形成法》中为区域规划留了明确的法定位置，这是在空间规划体系构建过程中应该加强的。

第三，在空间规划体系构建中要充分考虑地方空间事务管理的要求，在纵向有效传导的前提下，地方应拥有与地方政府事权相一致的规划事权。但是以往由于受传统发展观念和GDP导向的考核方式的影响，地方政府更重视经济发展，对生态环境保护和社会发展等方面往往忽略，甚至在有些地方政府保护污染企业，与民夺利，减少教育、医疗等公共服务设施配置的现象屡有发生，引发了环境问题和社会问题。

在空间规划体系设计时，在将权力下放给地方的同时，为有效规范地方行为，应将权力同时下放给社会，加强社会对规划事权行使过程中的监督，构建政府—社会多元参与规划的体制机制。

社会参与会给地方政府造成有效的压力，增加地方政府的透明度，使得地方政府对其下辖的人民负责。中央—地方—社会三者良性关系的建立将改变传统的管理模式，建立一种协商式的、共建共享的管理模式。十八届三中全会提出要实现治理体系的现代化，十九大提出在新时代中国特色社会主义思想和基本方略中提出"明确全面深化改革总目标是完善和发展中国特色社会主义制度、推进国家治理体系和治理能力现代化"的要求。这意味着在今后规划管理过程中，社会和公众将成为规划管理主体中的一部分，规划管理模式将从传统的统治型管理走向强调多元主体共同参与的治理模式。

新形势下构建事权清晰、面向空间治理体系现代化的空间规划体系的道路还在进行中。从目前正在开展的讨论中，我们可以看到，在国家成立自然资源部的基础上，通过省、市、县的机构改革，空间规划行政组织体系正在构建起来，与此同步以国土空间规划为主体框架的空间规划编制体系正在制定过程中。

2019年1月23日，中央全面深化改革委员会第六次会议审议通过《关于建立国土空间规划体系并监督实施的若干意见》，2019年5月9日，《中共中央国务院关于建立国土空间规划体系并监督实施的若干意见》（以下简称《若干意见》）正式印发，标志着国土空间规划体系顶层设计和"四梁八柱"基本形成。

《若干意见》明确国土空间规划体系分为"五级三类四体系"。五级指国家、省、市、县、乡镇，全国规划侧重战略性，省级规划侧重协调性，市县和乡镇规划侧重实施性（乡镇国土空间规划不是强制性要求，可结合实际需求编制）。三类指总体规划、详细规划和相关专项规划，总体规划强调综合性，相关专项规划强调专业性，详细规划强调可操作性。四体系指编制审批体系、实施监督体系、法规政策体系、技术标准体系（图1.8）。

空间规划体系构建过程中，在理清行政管理体系和编制体系的基础上，形成空间规划法律体系是更为重要的内容。面向空间治理体系的现代化，空间规划的编制和实施一定要有法律的保障。

空间规划法律体系的构建应充分体现央地事权划分与空间规划纵向分层关系的对应性，并为发挥国土空间规划约束和引导专项规划编制的要求提供法律依据，保障空间规划横向体系上的有序衔接和传导。同时，空间规划法律体系还应为国土空间规划的实施提供法律保障，并预留一定的政策探索空间。

国家机构改革、自然资源部的成立为系统解决空间规划打架问题奠定了坚

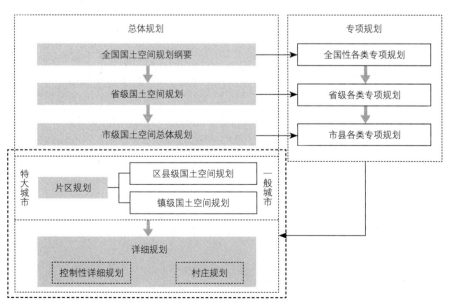

图1.8　国土空间规划体系图（图片来源：自绘）

实的基础，以"多规合一"为方法，实现全域全要素的统一管理，促进自然生态空间与发展空间和谐共生与可持续发展的国土空间规划将成为空间治理体系现代化的突破点和推动力。"多规合一"将迈向国土空间规划时代。

通过国土空间规划实现"多规合一"的方向已经明确。国土空间规划应该如何编制和管控呢？《若干意见》指出"国土空间规划是国家空间发展的指南、可持续发展的空间蓝图，是各类开发保护建设活动的基本依据"，国土空间规划的编制要体现战略性，提高科学性，强化权威性、加强协调性，注重操作性，确保规划能用、管用、好用。

要实现《若干意见》的要求，国土空间规划的编制应重点从确定底图底数、实施科学评价、制定空间发展战略、明确空间管控和用途管制要求、制定空间政策和规划传导机制、建立信息平台等方面入手研究。本书将从第二章到第九章，对这些内容进行详细论述。

第二章 寻找真实世界：
求真归真保真，夯实规划基础

我们生活在一个真实的世界，对现状情况的真实反映是规划的基础，但是在各种传统空间规划编制过程中，现状情况一直是个说不清的迷。城市总体规划的现状是在地形图上由设计人员绘制，没有核定准确与否的标准，土地规划、林业规划等资源管控的规划虽然有现状调查环节，但是由于调查标准的分异，也往往是公说公有理婆说婆有理。实现"多规合一"需要以真实的底图底数为基础，做实规划基础数据是推动多规合一、编制国土空间规划的重要基础环节。在重构空间规划体系过程中，按照求真归真保真的原则，以"三调"为基础建立统一的国土空间调查体系，形成全域全要素、动态更新的基础数据"一张图"，并在此基础上开展资源环境承载能力和国土空间开发适宜性评价，分析区域资源环境禀赋条件，识别国土开发利用短板因素，开展风险要素评估，对实现"多规合一"，科学编制国土空间规划具有重要意义。

第一节 说不清的规划现状

长期以来，由于受到部门管理体制和管理方式的影响，规划现状摸查和核定工作呈现彼此分割、各自独立、数据矛盾的现象。

城乡规划部门组织城市总体规划编制对于现状摸查的要求相对较少，《城市规划编制办法》（2006年4月4日起施行）关于各类城市规划的编制内容中没有提及现状要求。为摸清城市规划区范围的土地利用现状情况，规划编制单位一般会在最新的现状地形图上进行绘制，按照规划用地分类标准确定土地利用现状结构、明确现状布局、分析现状问题。

当然，城乡规划部门也一直在反思现状调查的重要性，如广州2020年版总体规划编制时就提出了"数字总规"的概念，从2007年2月开始组织以土地利用现状和相关专业现状为主要内容的现状调查工作，全面摸清当时广州市市辖十区范围内的土地利用现状情况，包括现状各类用地的空间分布、用地边界、使用性质等信息[1]。

2017年，住房和城乡建设部在面向2035年的新一轮总体规划编制中，进一步提出"统筹梳理制作全市域数字化现状图"的工作任务和要求[2]。广州新一轮总体规划按照市区两级模式重新组织开展数字化现状摸查，由市统一制定下发调查工作底图、各区组织部门和镇街开展调查核实、反馈上报并汇总形成全市数字化现状底图（图2.1）。

①彭冲，王朝晖，孙翔等.
"数字总规"目标下广州土地利用现状调查与思考 [J].
城市规划，2011（3）.

②2017年，《住房城乡建设部关于城市总体规划编制试点的指导意见》（建规〔2017〕200号）.

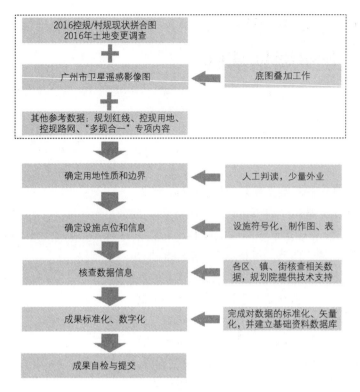

| 2016控规/村规现状拼合图 2016年土地变更调查 |
| 广州市卫星遥感影像图 | ← | 底图叠加工作 |
| 其他参考数据: 规划红线、控规用地、控规路网、"多规合一"专项内容 |
确定用地性质和边界	←	人工判读,少量外业
确定设施点位和信息	←	设施符号化,制作图、表
核查数据信息	←	各区、镇、街核查相关数据,规划院提供技术支持
成果标准化、数字化	←	完成对数据的标准化、矢量化,并建立基础资料数据库
成果自检与提交

图2.1 广州市2035年城市总体规划试点工作数字化现状底图绘制流程(图片来源:根据广州市2035年城市总体规划试点工作数字化现状工作整理)

但城市总体规划的数字化现状存在几个方面问题:一是数字化现状底图的校验核准机制缺乏,成果数据的准确性不足;二是数字化现状底图的认定机制缺乏,成果数据的法定性不足;三是数字化现状底图的动态维护机制缺乏,成果数据的连续性不足。

资源管理部门对空间资源的现状调查工作由各自部门组织、分散开展。由于管理对象认知、管理目标诉求、调查技术标准的差别,对同一国土空间的现状状况,不同部门的调查存在数据不统一、权属不清晰、空间交叉重叠甚至相互冲突的问题,尤其是在耕地、林地、草地、滩涂等自然资源管理数据上,交叉重叠问题比较突出,无法形成统一的规划基础数据。

不同部门的空间性规划在各自现状基础上进行编制,空间基础数据的不一致直接导致了各类空间性规划的冲突和矛盾。在空间规划体系改革背景下,也对统一编制国土空间规划、实施国土空间用途管制造成一定影响,空间资源现状调查亟须统一。

当前支撑各类空间性规划编制的调查工作主要包括综合性调查和专项资源调查。其中综合性调查主要包括全国土地利用调查和地理国情普查等。专项资源调查主要包括海洋资源调查、水资源调查、森林资源调查、湿地资源调查、草地资源调查和矿产资源调查、旅游用地资源调查、耕地后备资源调查等(表2.1)。

主要类别资源调查 表2.1

序号	调查类型	调查技术规程	主管部门	类别
1	全国土地利用调查	《土地利用现状分类》(GB/T 21010—2017)第三次全国土地调查技术规程(试行)	国土资源行政主管部门	综合性调查
2	土地变更调查	《土地变更调查技术规程》	国土资源行政主管部门	综合性调查(年度调查)
3	地理国情普查	《地理国情普查内容与指标》(GDPJ 01-2013)、《地理国情普查基本统计技术规定》(GDPJ 02-2013)、《地理国情普查数据规定与采集要求》(GDPJ 03-2013)、《地理国情普查数据生产元数据规定》(GDPJ 04-2013)、《数字正射影像生产技术规定》(GDPJ 05-2013)、《遥感影像解译样本数据技术规定》(GDPJ 06-2013)	国务院、国家测绘地理信息局	综合性调查

续表

序号	调查类型	调查技术规程	主管部门	类别
4	森林资源调查	《国家森林资源连续清查技术规定》（2014） 《森林资源规划设计调查技术规程》（GB/T 26424-2010）	林业行政主管部门	专项调查
5	林地变更调查	《林地分类》（LY/T 1812-2009） 《全国林地变更调查技术方案》 《林地变更调查技术规程》（LY/T 2893-2017）	林业行政主管部门	专项调查（年度调查）
6	草地资源调查	《草地分类》（NY/T 2997-2016） 《草地资源调查技术规程》（NY/T 2998-2016） 《全国草地资源清查总体工作方案》	农业行政主管部门	专项调查
7	湿地资源调查	《湿地分类》（GB/T 24708-2009） 《全国湿地资源调查技术规程》	林业行政主管部门	专项调查
8	水资源调查	《第一次全国水利普查空间数据采集与处理技术规定》 《水文调查规范》（SL 196-2015）	水务管理部门	专项调查
9	海洋资源调查	《海籍调查规范》（HY/T 124-2009）、 《海域使用分类体系》	海洋渔业行政主管部门	专项调查
10	其他专项资源调查（旅游用地资源、耕地后备资源）	《旅游资源分类、调查与评价》（GB/T 18972-2003） 《耕地后备资源调查与评价技术规程》（TD/T 1007-2003）	其他有关部门	专项调查

（表格来源：根据相关资料整理）

在这些调查工作中，土地调查历史最为悠久，北宋时基本形成了相对完善的土地调查制度。新中国成立伊始，1955~1958年在全国范围以农业区划为中心任务进行了一次较大规模的土地调查，调查重点主要是土壤、土质和高中低产田数量等。之后，全国性土地利用调查到目前为止已完成了两次。

第一次全国土地调查从1984年5月开始，1996年年底完成，历史12年，基本查清了城乡土地权属、面积和分布情况，奠定了第一轮土地利用总体规划（1997—2010）规划编制的基础。

第二次全国土地调查从2007年7月到2009年年底，主要任务包括开展农村土地调查、城镇土地调查、基本农田状况调查等，并对调查成果实行信息化、网络化管理，建立和完善土地调查、统计制度和登记制度。[1]第二次全国土地调查为编制第二轮土地利用总体规划（2006—2020）规划提供了较为真实的底图底数。但是这次调查没有将建设用地内部的土地功能用途进行细化调查，无法有效地支撑城乡规划的编制（图2.2）。

此外，在第一次全国土地调查后，国家即组织年度土地利用变更调查工作，由县级国土资源管理部门组织对自然年度内的全国土地利用现状变化、土地权属变化，以及各类用地管理信息进行调查、监测、核查、汇总、统计和分

[1]《国务院关于开展第二次全国土地调查的通知》国发〔2006〕38号。

图2.2 第二次全国土地调查主要地类面积（数据来源：第二次全国土地调查主要数据成果的公报）

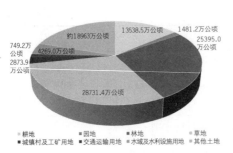

析，掌握全国年度土地利用现状变化情况，保持全国土地调查数据和基础信息的准确性和现势性，为满足国土资源管理和经济社会发展的各项管理需求提供基础（图2.3）。

地理国情普查是为查清我国自然和人文地理要素现状和空间分布情况开展的一种全国性的调查工作。2013～2015年由国务院组织开展了第一次全国地理国情普查工作，普查标准时点为2015年6月30日。目前在各地开展规划工作时，地理国情普查数据作为编制规划现状图的重要参考因素之一。

在全域调查的基础上，国家还开展了各种专项的自然资源调查工作。如为查清森林资源的分布、种类、数量、质量及其变化规律，国家组织开展森林资源清查工作。

全国森林资源清查工作自1977年以来已经历八次，2018年组织开展了第九次森林资源清查工作（表2.2、图2.4）。

按照2004年原国家林业局颁布的《国家森林资源连续清查技术规定》，其调查内容主要包括土地利用与覆盖（土地类型、植被类型、湿地类型和土地退化），立地与土壤（地形地貌、坡向坡位、土壤类型和土层厚度），森林特征（树种、龄组、森林结构和生物多样性等），森林功能（商品林和生态公益林、森林功能的关键因子、森林健康状况、生物多样性）及其他因素（样地所处流域、气候带，以及引起土地利用类型变化的影响因素等）五个方面。

图2.3 2001～2017年土地利用变更调查耕地变化情况（数据来源：2001～2017年中国国土资源公报数据）

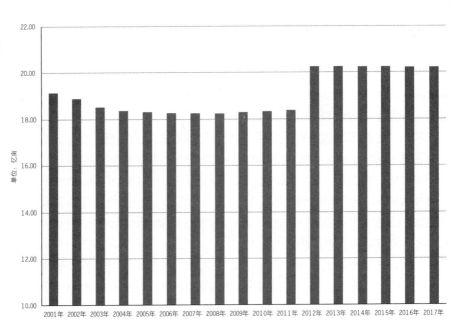

中国八次森林资源清查数据   表2.2

年份（次）	林地面积（亿公顷）	森林资源面积（亿公顷）	人工林面积（亿公顷）	天然林面积（亿公顷）	森林覆盖率（%）
1973~1976（1）	2.576	1.22			12.7
1977~1981（2）	2.671	1.15			12
1984~1988（3）	2.674	1.25			12.98
1989~1993（4）	2.629	1.34			13.92
1994~1998（5）	2.633	1.589	0.4709		16.55
1999~2003（6）	2.849	1.749	0.5365	1.1576	18.21
2004~2008（7）	3.059	1.955	0.6169	1.1969	20.36
2009~2013（8）	3.126	2.077	0.6933	1.2184	21.63

（数据来源：现代林业产业网，中国历次森林资源清查数据）

草地资源专项调查工作推进较晚。原农业部于2017年3月组织推进草地资源清查工作，要求以县（旗、团场）为单位，在2017年底完成北京、天津、河北、上海、江苏、浙江、安徽、江西、湖北、湖南、重庆、四川、云南、贵州等14个省（市）所有县，以及全国268个牧区半牧区县完成草地资源清查；2018年完成全国所有县域草地资源清查。[①]

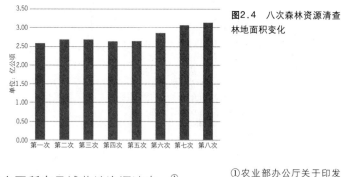

图2.4 八次森林资源清查林地面积变化

① 农业部办公厅关于印发《全国草地资源清查总体工作方案》的通知（农办牧〔2017〕13号）。

湿地资源调查迄今为止开展了两次。为更好履行国际《湿地公约》，满足我国湿地保护管理需要，1995~2003年，我国完成了首次全国湿地资源调查，将全国湿地分为五大类和28个类型，初步摸查单块面积100公顷以上的湿地总面积3848.55万公顷（不包括水稻田湿地）。

2009~2013年我国又组织完成了第二次全国湿地资源调查，起调面积为8公顷（含8公顷）以上的近海与海岸湿地、湖泊湿地、沼泽湿地、人工湿地以及宽度10米以上、长度5公里以上的河流湿地（图2.5）。

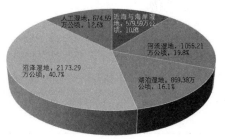

图2.5 第二次全国湿地资源调查情况（数据来源：第二次全国湿地资源调查结果）

水资源调查评价工作已开展了两次，水利普查开展了一次。2017年4月，水利部和国家发展与改革委员会推进开展第三次全国水资源调查评价。第三次全国水资源调查评价是在前两次全国水资源调查评价、第一次水利普查等已有成果的基础上，要全面摸清近年来我国水资源数量、质量、开发利用、水生态环境的变化情况。

除了上述土地利用现状调查、地理国情普查以及林地、草地、湿地、水域等专项调查外，我国正逐步建立有关矿产资源调查、旅游资源调查、海洋资源调查、耕地后备资源调查等调查制度，逐步对各类型空间资源调查体系进行完善。

各类空间资源实行分头管理制度，调查工作分头组织开展，由于采用了不同的调查技术标准，包括不同的用地分类体系、技术规范要求等，导致不同部门之间的调查结果大相径庭（表2.3）。

调查内涵与用地分类差异 　　　　　　　　　　　　表2.3

		耕地	林地	草地	湿地
概念内涵	土地利用现状调查（2007年）	指种植农作物的土地，包括熟地，新开发、复垦、整理地，休闲地（含轮歇地、轮作地）；以种植农作物（含蔬菜）为主，间有零星果树、桑树或其他树木的土地；平均每年能保证收获一季的已垦滩地。耕地中包括宽度＜2米固定的沟、渠、路和田坎（埂）；临时种植药材、草皮、花卉、苗木等的耕地，以及其他临时改变用途的耕地	指生长乔木、竹类、灌木的土地，及沿海生长红树林的土地。包括迹地，不包括城镇、村庄范围内的绿化林木用地，铁路、公路征地范围内的林木，以及河流、沟渠的护堤林	指生长草本植物为主的土地	—
	地理国情普查	指经过开垦种植农作物并经常耕耘管理的土地。包括熟耕地、新开发整理荒地、以农为主的草田轮作地；以种植农作物为主，间有零星果树、桑树或其他树木的土地（林木覆盖度一般在50%以下）；专业性园地或者其他非耕地中临时种农作物的土地不作为耕地	指成片的天然林、次生林和人工林覆盖的地表。包括乔木、灌木、竹类等多种类型。以顶层树冠的优势类型区分该类下级各类类型	以草本植物为主连片覆盖的地表。包括草被覆盖度在10%以上的各类草地，含以牧为主的灌丛草地和林木覆盖度在10%以下的疏林草地	以水域为代表：从地表覆盖角度，是指被液态和固态水覆盖的地标。从地理要素实体角度，本类型是指水体较长时间内消长和存在的空间范围
	专项资源调查（林地、草地、湿地等）	—	林地是用于林业生态建设和生产经营的土地和热带或亚热带潮间带的红树林地，包括郁闭度0.2以上的乔木林地以及竹林地、灌木林地、疏林地、采伐和火烧迹地、未成林造林地、苗圃地、森林经营单位辅助生产用地和县级以上人民政府规划的宜林地	地被植物以草本或半灌木为主，或兼有灌木和稀疏乔木，植被覆盖度大于5%、乔木郁闭度小于0.1、灌木覆盖度小于40%的土地，以及其他用于放牧和割草的土地	湿地系指不论其为天然或人工、长久或暂时之沼泽地、湿原、泥炭地或水域地带，带有静止或流动，或为淡水、半咸水或咸水水体者，包括低潮时水深不超过6米的水域。潮湿或浅积水地带发育成水生生物群和水成土壤的地理综合体，是陆地、流水、静水、河口、和海洋系统中各种沼生、湿生区域的总称（《湿地公约》）

	耕地	林地	草地	湿地
用地类别	**土地利用现状调查（2007年）** 包括水田、水浇地、旱地	包括乔木林地、竹林地、红树林地、森林沼泽、灌木林地、灌丛沼泽、其他林地等二级分类	天然牧草地、沼泽草地、人工牧草地、其他草地	湿地非单一地类，包括水田、红树林地、森林沼泽、灌丛沼泽、盐田、河流水面、湖泊水面、水库水面、坑塘水面、沿海滩涂、内陆滩涂、沟渠、沼泽地等类别
	地理国情普查 包括水田、旱地	包括乔木林、灌木林、乔灌混合林、竹林、梳林、绿化林地、人工幼林、稀疏灌丛等二级分类	包括天然草地（高覆盖度草地、中覆盖度草地、低覆盖度草地）和人工草地（牧草地、绿化草地、固沙灌草、护坡灌草、其他人工草地）	包括河渠、湖泊、库塘、海面、冰川与常年积雪等
	专项资源调查（林地、草地、湿地等） —	包括有林地、疏林地、灌木林地、未成林造林地、苗圃地、无立木林地、宜林地、辅助生产林地等二级分类	草地划分为天然草地和人工草地，天然草地分为温性草原类、高寒草原类、温性荒漠类、高寒荒漠类、暖性灌草丛类、热性灌草丛类、低地草甸类、山地草甸类、高寒草甸类。人工草地分为改良草地和栽培草地	湿地划分近海与海岸湿地、河流湿地、湖泊湿地、沼泽湿地、人工湿地等5类，以及红树林、洪泛平原湿地、季节性淡水湖、森林沼泽、水产养殖地等34型

（资料来源：《土地利用现状分类》、《地理国情普查内容与指标》、《林地分类》、《草地分类》、《湿地分类》）

如《土地利用现状分类》（GB/T 21010—2017）将林地分为乔木林地、竹林地、红树林地、森林沼泽、灌木林地、灌丛沼泽和其他林地七种类型，《林地分类》（LY/T1812-2009）将林地分为有林地、疏林地、灌木林地、未成林造林地、苗圃地、无立木林地、宜林地、辅助生产林地八个一级分类，分类标准不同，具体概念的界定也存在差异，导致林业专项调查（森林资源调查、林地变更调查）确定的林地与综合性调查（全国土地利用调查）确定的林地面积、分布存在差异。此外，还存在同名地类内涵不同的情况。以林地分类为例，在土地利用现状调查中的灌木林地，是指灌木覆盖度不小于40%的林地，不包括灌丛沼泽；但在林地调查分类中，灌木林地是指连续大于1亩、覆盖度在30%的林地，也导致了林地统计面积的不一致。

此外，调查精度、平面坐标系统、投影方式以及基本调查单位的要求不同也是导致调查结果差异的重要原因。如第二次全国土地调查规定，农村土地调查以1:10000比例尺为主，荒漠、沙漠、高寒等地区可采用1:50000比例尺，经济发达

①《第二次全国土地调查技术规程》。

地区和大中城市城乡接合部，可根据需要采用1:2000或1:5000比例尺；城镇土地调查宜采用1:500比例尺。①草地资源调查，要求以1:50000比例尺为主，人口稀少区域可采用1:100000比例尺，相应的最小上图面积分别为7500平方米和30000平方米。林地落界比例尺精度也分别按照1:10000、1:50000、1:100000确定，相应的最小上图面积分别为1500平方米、7500平方米、30000平方米（表2.4）。

调查技术要求差异　　　　　　　　　　　　表2.4

调查精度	第二次全国土地调查	农村土地调查以1:10000比例尺为主，荒漠、沙漠、高寒等地区可采用1:50000比例尺，经济发达地区和大中城市城乡接合部，可根据需要采用1:2000或1:5000比例尺；城镇土地调查宜采用1:500比例尺
	地理国情普查	数据采集平面精度，即采集的地物界线和位置与影像上地物的边界和位置的对应程度。影像上分界明显的地表覆盖分类线和地理国情要素的边界以及定点位的采集精度应控制在5个像素以内。特殊情况，如高层建筑物遮挡、阴影等，采集精度原则上应控制在10个像素以内。如果采用影像的分辨率差于1米，原则上对应的采集精度应控制在实地5米以内，特殊情况应控制在实地10米以内
	专项资源调查	草地资源调查：以1:50000比例尺为主，人口稀少区域可采用1:100000比例尺。图斑最小上图面积为图上15mm²；林地落界：基础地理信息规定采用1:10000、1:50000、1:100000国家基础比例尺地形图，林地落界比例尺精度也分别按照1:10000、1:50000、1:100000确定。根据落界采用的遥感底图比例尺，以及相应比例尺的图上最小面积，确定最小上图现地面积
平面坐标系统	第二次全国土地调查	大地基准：采用"2000国家大地坐标系"
	地理国情普查	采用"2000国家大地坐标系"；采用地理坐标，经纬度坐标值以"度"为单位，用双精度浮点数表示，至少保留6位小数
	专项资源调查	草地资源调查：采用"1980西安坐标系"；林地落界：宜采用"1980西安坐标系"
高程系统	第二次全国土地调查	高程基准：采用"1985国家工程基准"
	地理国情普查	高程基准：采用"1985国家工程基准"，高层系统为正常高
	专项资源调查	草地资源调查：采用"1985国家工程基准"；林地落界：采用"1985国家高程基准"
投影方式	第二次全国土地调查	标准分幅图采用高斯-克吕格投影。1:500、1:2000标准分幅图或数据按1.5°分带（可任意选择中央子午线）；1:5000、1:10000标准分幅图或数据按3°分带；1:50000标准分幅图或数据按6°分带
	地理国情普查	—
	专项资源调查	草地资源调查：标准分幅图高斯-克吕格投影，按6°分带，拼接图采用Albers等面积割圆锥投影；林地落界：投影方式采用"高斯-克吕格投影"，1:10000比例尺按3°分带、1:50000比例尺按6°分带、1:100000比例尺按6°分带
基本调查单位	第二次全国土地调查	完整县级行政辖区
	地理国情普查	—
	专项资源调查	草地资源调查：牧区、半牧区以县级辖区为基本调查单位，其他地区以地级辖区为基本调查单元；林地落界：县域内的乡（镇）、村、林班界限

（资料来源：《第二次全国土地调查技术规程》、《地理国情普查数据规定与采集要求》、《国家森林资源连续清查技术规定》、《草地资源调查技术规程》）

用地分类标准、调查技术等的差异导致同类资源在不同调查结果中的矛盾，如2015年土地变更调查、地理国情普查及第八次森林连续清查的林地面积分别为25299万公顷、29543万公顷、31260万公顷；土地变更调查、地理国情普查的草地面积分别为21942万公顷、27441万公顷。如广州林地调查和土地利用变更调查差异约1020平方公里，约占土地总面积的14%；宁夏回族自治区林地调查与土地利用变更调查中的耕地、牧草地、自然保留地之间存在着较大矛盾，差异总面积1.27万平方公里，占自治区全域总面积的24.5%（图2.6～图2.8）。

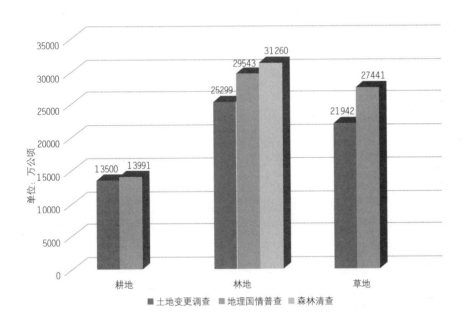

图2.6 2015年全国耕地、林地、草地调查差异（数据来源：第一次全国地理国情普查公报、2015年中国国土资源公报、第八次全国森林资源清查主要结果）

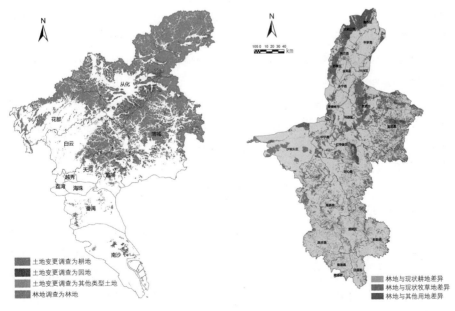

图2.7 广州市林地调查和土地利用变更调查差异（图片来源：根据2017年广州市土地利用变更调查和林地变更调查数据叠加分析）

图2.8 宁夏林地调查与土地利用变更调查差异（图片来源：《宁夏回族自治区空间规划（2016—2035年）》）

现状调查理念不同、技术方法和调查标准的差异使得规划无法得到一张真实的底图。说不清的现状严重影响了规划编制的科学性和规划管控的有效性。"多规合一"工作需要探寻真实的世界,形成适于全域全要素的规划的真实底图底数。

第二节 从现状调查到规划底图底数

现状的真实性是规划科学性的基础。统一的空间规划,起点是"统一的底图、统一的底数、统一的底线"。[①]前文讲到各类资源调查标准不一、调查技术规范差异,使得查清查实规划底数与底图成为空中楼阁。

2018年3月,根据《国务院机构改革方案》,原国土资源部的土地矿产资源调查、原水利部的水资源调查、原农业部的草原资源调查、原国家海洋局的海域海岛资源调查、原国家林业局的森林、湿地等资源调查管理职责等统一划归新设立的自然资源部[②]。如何统一规划底图底数,自然资源部担负起了重任。

自然资源部的重要职责是要完成十九大提出的统一行使全民所有自然资源资产所有者职责,统一行使所有国土空间用途管制和生态保护修复职责的两项重任。建立自然资源统一调查和监测体系是履行自然资源管理"两统一"的前提和基础,也是贯彻落实生态文明思想和新发展理念、推进自然资源管理体制改革的重要举措。

根据统一自然资源调查评价的职责,自然资源部通过统一调查标准、完善工作分类、优化调查内容等措施,坚持"求真归真保真"的原则,致力于形成统一的底图底数,全面组织推进第三次全国国土调查(以下简称"三调")。要求在第二次全国土地调查成果基础上,全面细化和完善全国土地利用基础数据,以满足生态文明建设、空间规划编制、自然资源管理体制改革和统一确权登记、国土空间用途管制、国土空间生态修复、空间治理能力现代化等各项工作的需要,在全国范围内利用遥感、测绘、地理信息、互联网等技术,查清各类土地的所有权和使用权状况。[③]

"三调"通过率先统一标准规范,按照13个一级类、53个二级类及打开部分三级类的方式,统一解决因标准不一导致的各类冲突和矛盾,主要包括统一原国土资源、原海洋及原林业部门存在分歧的海岸带、沿海滩涂和滨海湿地的范围界限,统一原国土资源、原农业和林业部门存在的草地和灌木林地标准,解决此前存在的空间数据重叠问题,查清各类自然资源的水平分布状况,划清各类自然资源边界(表2.5)。

面向形成统一的底图底数,"三调"调查是一项基础性工作,全面核查耕地、种植园、林地、草地、湿地、商业服务业、工矿、住宅、公共管理与公共服务、交通运输、水域及水利设施用地等地类分布及利用状况,查清重大交通、能源、水利等基础设施布局,重点解决耕地、林地、草地、湿地等底数不

①常新,张杨,宋家宁. 从自然资源部的组建看国土空间规划新时代 [J]. 中国土地,2018(5).

②党的十九届三中全会审议的《中共中央关于深化党和国家机构改革的决定》《深化党和国家机构改革方案》和第十三届全国人民代表大会第一次会议批准的《国务院机构改革方案》。

③关于印发《第三次全国土地调查总体方案》的通知。

第三次全国国土调查工作分类　　　　　　　　表 2.5

一级类		二级类		一级类		二级类	
编码	名称	编码	名称	编码	名称	编码	名称
00	湿地	303	红树林地	08	公共管理与公共服务用地	08H1	机关团体新闻出版用地
		304	森林沼泽			08H2	科教文卫用地
		306	灌丛沼泽			809	公用设施用地
		402	沼泽草地			810	公园与绿地
		603	盐田	09	特殊用地		军事设施、涉外、宗教、监教、殡葬、风景名胜等
		1105	沿海滩涂	10	交通运输用地	1001	铁路用地
		1106	内陆滩涂			1002	轨道交通用地
		1108	沼泽地			1003	公路用地
01	耕地	101	水田			1004	城镇村道路用地
		102	水浇地			1005	交通服务场站用地
		103	旱地			1006	农村道路
02	种植园用地	201	果园			1007	机场用地
		202	茶园			1008	港口码头用地
		203	橡胶园			1009	管道运输用地
		204	其他园地	11	水域及水利设施用地	1101	河流水面
03	林地	301	乔木林地			1102	湖泊水面
		302	竹林地			1103	水库水面
		305	灌木林地			1104	坑塘水面
		307	其他林地			1107	沟渠
04	草地	401	天然牧草地			1109	水工建筑用地
		403	人工牧草地			1110	冰川及永久积雪
		404	其他草地	12	其他土地	1201	空闲地
05	商业服务业用地	05H1	商业服务业设施用地			1202	设施农用地
		508	物流仓储用地			1203	田坎
06	工矿用地	601	工业用地			1204	盐碱地
		602	采矿用地			1205	沙地
07	住宅用地	701	城镇住宅用地			1206	裸土地
		702	农村宅基地			1207	裸岩石砾地

（表格来源：第三次全国国土调查工作分类）

清的问题。

但全面支撑国土空间规划的编制并实现"多规合一",还需要在"三调"基础上,推进城乡用地统筹整合,实施国土空间的细化调查、深化调查和广域调查。

国土空间规划需坚持城乡统筹,加快推动城乡融合发展,统筹安排城乡布局体系,落实推进以促进人的城镇化为核心、提高质量为导向的新型城镇化战略。结合"三调"工作基础,明确城乡建设用地总量规模与布局,包括城市、建制镇、农村居民点等,为推进城乡统筹、安排城镇村布局体系提供支撑(图2.9)。

国土空间规划要坚持以人民为中心,着力完善公共服务设施和市政公用设施,统筹地上地下空间综合利用,延续历史文脉和加强风貌管控,推进美好家园建设,实现高质量发展和高品质生活。需在"三调"基础上进行细化调查,对独立用地的商业设施、公服设施和公用设施等设施用地展开调查的基础上,明确反映出现状城市发展品质存在的短板和问题,围绕人民的获得感、幸福感、安全感进行国土空间规划,满足以人民为中心的高质量发展要求(图2.10)。

通过国土空间规划完善自然资源的"资产化管理",结合明晰产权(确权登记、资产核算、建立自然资源资产负债表),市场化定价,建立交易制度,来保障自然资源所有者的权益。需在"三调"基础上进行深化调查,调查内容应包括地籍和权籍,摸清每一块空间、每一处资源的权属状况,为自然资源确权登记提供依据,为资源资产化管理提供基础。健全自然资源资产产权制度,进一步保障自然资源资产所有者权益,促进自然资本保值增值。

图2.9 城镇村及工矿用地与"三调"工作分类对照
(图片来源:自绘)

城镇村及工矿用地		"三调"工作分类建设用地				
		一级类		二级类		
编码	名称	编码	名称	编码	名称	
201	城市	05	商业服务业用地	05H1	商业服务业设施用地	
				508	物流仓储用地	
		06	工矿用地	601	工业用地	
202	建制镇			602	采矿用地	
		07	住宅用地	701	城镇住宅用地	
				702	农村宅基地	
203	村庄	08	公共管理与公共服务用地	08H1	机关团体新闻出版用地	
				08H2	科教文卫用地	
				809	公用设施用地	
				810	公园与绿地	
204	采矿用地	09	特殊用地		军事设施、涉外、宗教、监教、殡葬、风景名胜等	
		10	交通运输用地	1002	轨道交通用地	
				1003	公路用地	
205	特殊用地			1004	城镇村道路用地	
				1005	交通服务场站用地	

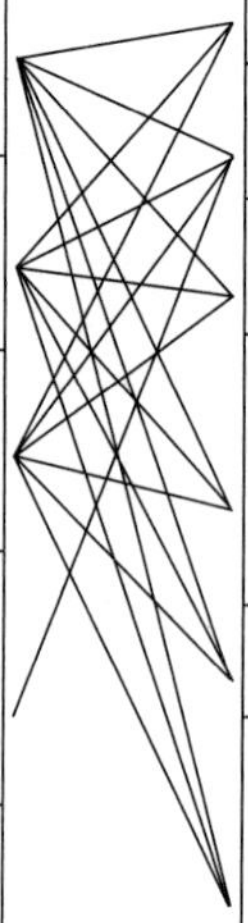

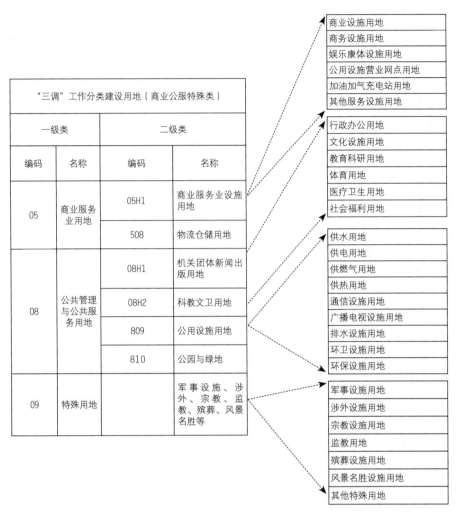

图2.10 公服、公用类用地细化调查（图片来源：自绘）

国土空间规划将全部国土空间作为规划对象，强调陆海统筹、地上地下统筹，要求划定各类海域保护线。需在"三调"基础上进行广域调查，调查的对象应增加海域、海岛等海洋调查内容，增加地质调查等地下空间的调查内容。

在"三调"基础上通过开展国土空间细化调查、深化调查和广域调查，查清城乡用地、陆域海域、地上地下情况，摸清设施配置和产权权属情况，形成统一的国土空间底数底图。

在现状调查方面，发达国家和地区在法律法规体系建设、重视基础性工作、采用统一标准、运用大量新技术等经验值得借鉴，构建形成我国统一的规划底图底数需从统一分类标准、统一技术规范、统一数据平台、统一法规依据等方面形成有效支撑。

统一分类标准是形成统一底图底数的前提。用地分类标准不统一是导致调查结果冲突矛盾的直接原因，历史上我国按照各个管理部门的职能分工和管理需求，国土、规划、林业、农业、水利、交通等部门先后拟定了不同的土地调查、统计分类体系，并在各自管理领域中推广实施，如城乡规划和土地管理分别采用《城市用地分类与规划建设用地标准》（GB 50137-2011）、《土地利用现状分类》（GB/T 21010-2007），土地调查的灌木林地与林地调查的灌木林地存在灌木覆盖度30%还是40%的差异，在全国范围没有形成一套各部门必须共遵的土地分类体系，导致底数不实、数据不一。统一用地分类是统一底图底数的基础，如英国第一次土地调查把全国土地统一划分为六类，重点是农业用地，1960年又进行了第二次土地调查，将土地利用细分为12个类型；日本将土地划分为35种类型，城市土地利用根据城市机能分类，农业用地、林业用地根据植被分类。面向国土空间规划编制形成统一的底图底数，需率先统一用地分类体系。

统一技术规范是统一底图底数的基础。各类调查的技术要求也各不相同，如坐标体系在各类调查中存在1980西安坐标系、地方独立坐标系、经纬坐标等的差别，不同调查存在大比例尺和小比例尺等不同调查精度的差别，调查成果存在栅格数据和矢量数据的差别。为服务各级各类国土空间规划编制形成统一的底图底数，需针对目前各类现状调查在数学基础、调查精度、技术方法等方面的差异，从根本上解决各类数据不能衔接的问题，为统一的国土空间规划编制实施管理奠定基础。

统一数据平台是统一底图底数的支撑。统一底图底数应率先建立统一的资源调查分层架构与框架，避免海量数据可能存在的数据分割、数据"孤岛"问题，形成一个高效、有序的调查体系，为国土空间规划编制和用途管制提供全方位支撑。应强化调查数据的统一应用管理，提升管理服务水平，统一调查数据的管理、更新和应用，开发可视化技术，为管理者和大众提供简单实用的数据使用工具。

统一法规依据是统一底图底数的保障。发达国家非常重视调查制度建设，如日本通过统一的调查法规推动国土资源调查，1951年专门颁布"国土调查法及其实施令"，规定了土地调查的目的、定义、计划等一系列内容，对不按照法律或违法进行国土调查的人处以劳役或罚金。1957年，日本颁布了《地籍调查作业规程准则》，1962年又颁布了"国土调查促进特别措施法及其实施令"，并据此在1963年、1970年、1980年、1990年分别制定了四个国土调查十年计划。[①]《中华人民共和国土地管理法》提出"县级以上人民政府土地行政主管部门会同同级有关部门进行土地调查。土地所有者或者使用者应当配合调查，并提供有关资料"的土地调查制度。2008年，国务院颁布实施《土地调查条例》，对土地调查的组织实施、质量控制、责任承担等做了规定；2009年《土地调查条例实施办法》公布，并分别于2016年和2019年修正。出台国土资源调查有关法律法规成为新时期完善调查制度的重要事项。

①程烨. 发达国家土地调查概览 [J]. 中国国土资源报，2007.7.13.

第三节　生态文明时代呼唤"双评价"工作

生态文明是人与自然和谐共生的社会形态，生态文明建设以资源环境保护为目标，以科学技术为手段，在创造社会财富的同时，促进自然资源环境的循环、更新、稳定和可持续发展，是形成天人合一理想局面的有效途径（张彦英等，2011）。

改革开放四十余年，我国在经济社会快速发展的同时，也产生了很多问题，其中，资源环境面临的问题比较突出。

在资源利用方面，依然存在消费结构不合理、浪费破坏严重、利用效率低下等问题。例如，我国的水资源消耗量很大，但利用效率很低，在万元GDP用水量、农业灌溉水利用系数、节水率等指标上都远远低于世界平均水平。

在环境治理方面，地方政府对环境保护的重视程度不够，不同程度存在环境保护的形式主义和官僚主义等问题。例如，一些地方为了应付上级检查，直接把治污项目包装成景观项目甚至房地产项目，环境治理变成"面子工程"，但污染却还在继续。

在国土开发方面，由于城镇建设的无序开发和过度开发，导致生态和农业空间被占用过多，环境资源承载能力不断下降，环境污染日益加重。例如，内蒙古自治区腾格里沙漠腹地出现的排污问题，秦岭北麓出现的违建问题，宁夏贺兰山出现的非法采矿问题等，都对生态环境造成了严重的破坏。

总体来说，资源紧缺、生态破坏和环境污染仍是制约我国经济社会可持续发展的突出瓶颈（常纪文，2018）。

传统的规划方法多以定性描述为主，基于专家和规划人员的经验和主观判断，对资源环境本底的客观认识不足，导致规划脱离实际，不能有效引导社会经济的可持续发展，难以适应生态文明建设的要求。

资源环境是人类经济社会活动的承载体，生态文明建设不仅要遵从经济规律，更要尊重自然规律，坚持人与自然和谐共生。在生态文明建设要求下，规划工作只有正确认识和评价资源环境的本底、明确底线、把握方向、提高资源环境利用效率、减少资源环境承载的压力、将人类活动控制在资源环境承载力范围之内，才能真正实现可持续发展。

由于规划理念的转变，新时期的规划工作迫切需要一种更加尊重自然规律、与自然和谐共生的规划方法，资源环境承载能力和国土空间开发适宜性评价（简称"双评价"）工作应运而生。

中央为了落实新规划、新理念、新要求，陆续出台资源环境基础评价相关的各项政策文件，明确要求开展"双评价"工作。习近平总书记在深入推动长江经济带发展座谈会上的讲话更是明确指出，要根据资源环境承载能力和国土空间开发适宜性评价，划定生态保护红线、永久基本农田、城镇开发边界三条控制线，科学谋划国土空间开发保护格局，建立健全国土空间管控机制（岳文泽，2019）。以"双评价"为基础支撑，服务国土空间规划已逐渐形成共识（图2.11）。

"双评价"是指在一定时期和一定区域范围内，为维持区域资源环境可持续发展的需要，对区域资源环境系统所能承受人类各种社会经济活动的能力进

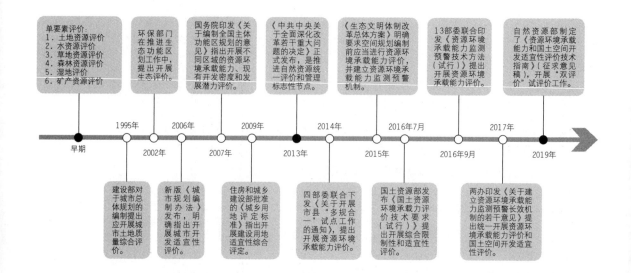

图2.11 "双评价"发展历程图（图片来源：根据相关资料自绘）

行评价，揭示国土空间城镇开发、农业生产和生态保护的适宜程度。"双评价"工作为制定差异化、可操作性的国土空间和自然资源开发、利用、保护策略提供基础支撑，是国土空间规划编制和自然资源统一管理的重要依据。

"双评价"的兴起并不是横空出世，有科学的探索和实践的基础，伴随着自然科学的不断进步和生态文明理念的不断深入逐渐发展而来，主要包括三个发展阶段。

第一阶段，是自然资源评价的早期探索。以单要素评价为主，针对不同的自然资源的类型建立相应的基础评价模型，综合评价某一种自然资源类型的数量、质量和利用情况，主要包括土地资源评价、水资源评价、草地资源评价、森林资源评价、湿地资源评价、矿产资源评价等方法（表2.6）。

其中，土地资源评价的应用最为广泛，主要包括预测土地生产潜力、评估土地利用效益、评价土地开发适宜性等方面，是进行土地利用决策，科学地编制土地利用规划的基本依据（饶箫，2012；杨俊，2018）。

单要素评价是最基本的自然资源评价方法，可以定量地、直观地评估单一自然要素的基本情况，但该类方法对于自然资源要素间的相互关系考虑不足，评估自然资源环境综合状态的能力较弱。

第二阶段，开始出现以规划目标为导向的适宜性评价。随着各类空间性规划编制工作全面开展，早期的单要素评价已满足不了规划编制的要求，自然资源评价进入新的发展阶段，通过综合考虑各种影响因素，评估资源环境的开发适宜程度，支撑规划编制，评价方法主要包括生态适宜性评价、土地适宜性评价以及建设用地开发适宜性评价三类（表2.7）。

适宜性评价的案例有很多，通过总结归纳，主要包含以下几种情况。

从评价目标看，大致可分为两类。一类是支撑空间结构调整和布局优化的宏观评估；另一类是支撑建设用地高效利用的微观评价。这些适宜性评价方法在主体功能分区、建设用地选址、农用地整治等方面都发挥了重要的作用（喻

自然资源单要素评价   表 2.6

序号	评价类型	评价对象	主要分类	评价目的
1	土地资源评价	土地资源	➤单项评价和综合评价 ➤农业用地评价、林业用地评价、牧业用地评价、城镇用地评价等 ➤土地适宜性评价	满足人类某种目的或需求，包括预测未来的土地利用，或判定土地利用的效益，促进土地的合理利用（吴振宇，2019）
2	水资源评价	水资源	➤水资源数量评价 ➤水资源质量评价 ➤水资源利用评价 ➤水资源综合评价	实现水资源合理开发利用和保护管理，促进可持续利用，为水利规划提供依据，支撑经济社会可持续发展
3	草地资源评价	草地资源	➤草地生境评价 ➤草地生产力评价	为草地资源开发与畜牧业可持续发展提供科学依据
4	森林资源评价	森林资源	➤综合评价 ➤专题评价：森林生产力评价、森林防护功能等	综合评估森林资源的价值和效益，为经营者和决策者采取合理开发利用森林资源提供依据，促进森林资源的高效可持续发展
5	矿产资源评价	矿产资源	➤地质评价 ➤经济评价	评价开采条件和开发技术的可能性以及开发利用的合理性和经济效果

（表格来源：根据相关资料整理）

以规划目标为导向的适宜性评价   表 2.7

评价方法	评价要素	评价目的
生态适宜性评价	➤生态环境特征 ➤生态环境敏感性 ➤生态服务功能	了解自然资源的生态潜力和对区域发展可能产生的制约因素，从而引导规划对象空间的合理发展以及生态环境建设的策略，是生态规划的核心
土地适宜性评价	➤地形 ➤地质 ➤气候 ➤土壤 ➤社会经济条件	评定土地开发适宜性，是编制土地利用规划的依据
建设用地开发适宜性评价	➤自然环境因素：地形地貌、工程地质、自然灾害 ➤经济环境因素：人口密度、GDP、基础设施完备度、公共设施完备度、基础条件	确定建设用地的空间布局、发展方向和空间形态

（表格来源：根据相关资料整理）

忠磊，2015；周望，2015）。

从研究尺度看，适宜性评价在国家、省、市、县、乡等各个尺度均有涉及，市县尺度的适宜性评价开展的最为广泛，不同尺度的适宜性评价相结合成为新的趋势。

从地域类型角度来看，已有案例主要集中在山地丘陵及灾后重建区、平原地区、河湖岸线及海岸空间、城市周边区域城镇扩展用地以及乡村地区农村居民点。这些区域是经济社会发展重点关注的区域，极具规划价值，迫切需要适宜性评价提供重要的基础支撑。

第三阶段，是注重底线思维的资源环境承载力评价。在区域资源禀赋、生态条件和环境本底的基础上，通过综合判定资源环境的承载状态，识别城市发展的短板要素，把握资源消耗的底数上限，将各类开发活动限制在资源环境承载能力之内。评价方法主要包括了《国土资源环境承载力评价技术要求（试行）》和《资源环境承载能力监测预警技术方法（试行）》两个技术规程（表2.8）。

"双评价"现有规程主要评价指标　　　　表2.8

规程	评价对象	评价过程	评价要素	评价指标
国土资源环境承载力评价技术要求（试行）	土地综合评价	基础评价	土地资源	建设用地压力状态指数
				耕地开发压力状态指数
		修正评价	水资源评价	水资源承载指数
				水土资源匹配指数
			生态条件	生态退化指数
			环境质量	大气环境质量指数
				水环境质量指数
	地质环境评价	综合评价	地质环境	崩塌、滑坡、泥石流
				构造稳定性
				地面塌陷
				地面沉降
				水土环境
				地质遗迹
			地下水资源	地下水资源
			矿产资源	石油
				天然气
				煤炭
资源环境承载能力监测预警技术方法（试行）	陆域评价	基础评价	土地资源	土地资源压力指数
			水资源	水资源开发利用量
			环境	污染物浓度超标指数
			生态	生态系统健康度

续表

规程	评价对象	评价过程	评价要素	评价指标
资源环境承载能力监测预警技术方法（试行）	陆域评价	专项评价	城市化地区	水气环境黑灰指数
			农产品主产区	耕地质量变化指数
				草原草畜平衡指数
			重点生态功能区	生态系统功能指数
	海域评价	基础评价	海洋空间资源	岸线开发强度
				海域开发强度
			海洋渔业资源	渔业资源综合承载指数
			海洋生态环境	海洋环境承载状态
				海洋生态承载状态
			海岛资源环境	无居民海岛开发强度
				无居民海岛生态状况
		专项评价	重点开发用海区	围填海强度指数
			海洋渔业保障区	渔业资源密度指数
			重要海洋生态功能区	生态系统变化指数

（表格来源：根据相关资料整理）

到了这个阶段，资源环境承载力评价的实践应用基本上涵盖了所有的市县区域，为优化国土空间的开发利用提供了重要依据。以广州市为例，通过"两规"试点，依据两个规程，重点从建设用地和地下空间开发适宜性，水资源、生态条件以及环境质量承载力等方面，开展了土地综合承载力和地质环境承载力评价，并在此基础上，综合确定了广州的国土空间开发适宜性，明确了广州国土空间开发的底线极限。

但在实践应用的过程中，上述技术规程也暴露出了许多问题。

一是从数据运算的完整性而言，如《资源环境承载能力监测预警技术方法（试行）》涉及的大气环境、水环境和地质环境的监测数据等较难获得，《国土资源环境承载力评价技术要求（试行）》涉及的环境监测数据和海洋基础数据较难获得，数据缺失对评价工作的完整性会产生较大影响。

二是将生态保护红线和永久基本农田作为"双评价"的前提条件，存在互为因果的逻辑矛盾。如《资源环境承载能力监测预警技术方法（试行）》将强限制因子设定为永久基本农田、生态保护红线、潜在采空塌陷区、行洪通道和永久冰川、戈壁荒漠等难以利用土地，由于历史原因和政策原因，永久基本农田和生态保护红线与自然本底的评价结果可能会存在大量不一致的情况。

三是适宜性评价局限在建设用地适宜性评价上，对农业功能和生态功能考虑不足，评价结果具有一定的局限性。国土空间开发的适宜性评价应当充分考虑城镇、农业和生态三方面的综合影响。

四是技术文件单从资源环境本底的支撑能力和人类活动施压的视角进行承载力评价，实际上否定了外部干预导致的承载弹性存在，会导致资源环境承载力评价与空间管理的割裂。

五是评价技术的全面性稍显不足。《资源环境承载能力监测预警技术方法（试行）》对于陆地资源环境承载力评价比较全面，但缺失海洋资源环境承载力评价；《国土资源环境承载力评价技术要求（试行）》则对陆海统筹考虑不足。

六是技术文件的实用性有待改进。《资源环境承载能力监测预警技术方法（试行）》和《国土资源环境承载力评价技术要求（试行）》，分别包含7类评价要素、19个评价指标以及14类评价要素、18个评价指标，生态环境类指标以及海洋资源环境指标专业性太强，操作方法上和指标体系均有待进一步简化，实用性有待提升。

经历了三个阶段的快速发展，"双评价"在科学性和综合性上得到了很大程度的优化提升，但仍有许多改进的空间。

为了满足生态文明建设的根本要求，只有科学客观地把握资源环境的底数极限，将各类开发活动限制在资源环境承载能力之内，才能实现人与自然和谐共生，"双评价"对于生态文明建设的重要性不言而喻，它是生态文明时代的必然产物。

2019年1月，为适应国土空间规划和机构改革新要求，自然资源部组织技术攻关组，在原有两个技术规程的基础之上，进一步优化"双评价"方法，制定了《资源环境承载能力和国土空间开发适宜性评价技术指南》（以下简称《技术指南》），并选取广东省和广州市、江苏省和苏州市、重庆市和涪陵区、宁夏回族自治区和固原市，在区域（省级）、市县不同层面开展试评价工作，对新时期国土空间规划评价进行了新的探索。

《技术指南》紧紧围绕支撑服务国土空间规划编制这一核心目标，严格遵循评价原则，围绕生态保护、农业生产、城镇建设要求，构建差异化的评价指标体系，以定量方法为主，以定性方法为辅，开展陆域评价、海域评价和陆海统筹评价，具体的技术流程主要包括四个步骤。

第一步，资源环境承载能力单要素评价。按照评价对象和尺度差异遴选评价指标，从土地资源、水资源、环境、生态以及灾害等陆域自然要素，以及资源、环境、生态、灾害等海洋自然要素，分别开展陆域和海域资源环境要素单项评价。

第二步，资源环境承载能力集成评价。根据资源环境要素单项评价结果，分别开展陆域和海域集成评价，陆域集成评价生态、农业、城镇不同功能指向下的陆域资源环境承载（保护）等级，海域集成评价生态、渔业资源利用、港口航运功能以及工业利用不同功能指向下的海域资源环境承载（保护）等级，综合反映国土空间自然本底条件对人类生活生产活动的支撑能力。

第三步，国土空间开发适宜性评价。分别开展陆域和海域国土空间适宜性评价。根据农业和城镇承载等级评价结果，分别划分农业生态和城镇建设备选区，结合农业生产和城镇建设适宜性评价指标，从备选区中进一步识别并划分农业生产和城镇建设的适宜区、一般适宜区和不适宜区。根据海域渔业资源利用、港口航运功能以及工业利用承载等级评价结果，分别划分渔业资源利用、港口航运功能以及工业利用备选区，结合相应的适宜性评价指标，从备选区中进一步识别并划分渔业资源利用、港口航运功能以及工业利用的适宜区、一般适宜区和不适宜区。

第四步，陆海统筹。在海洋承载能力评价基础上，将海洋生态重要性和陆域沿海评价中的生态重要性评价结果进行复合，调整沿海区域对应指标的评价值，统筹陆域和海域生态重要性（表2.9、表2.10）。

以广东省和广州市为代表的南部沿海地区，自然本底好，生态环境优越，其试评价工作相比于其他试点，更加重视陆海资源的统筹，评价方法的重点在于处理陆海之间的冲突矛盾，为推进海洋经济快速发展提供重要依据。

以江苏省和苏州市为代表的东部地区，同样有着优越的自然本底条件和生态环境状况，其试评价工作相比于其他试点，更加重视人地关系的协调，评价方法的重点在于处理生态保护与人类活动间的冲突矛盾，引导国土空间的合理开发利用。

陆域资源环境承载能力评价指标体系 　　　　表2.9

功能指向	自然要素				
	土地资源	水资源	环境	生态	自然灾害
生态保护	—	—	—	生态系统服务功能重要性：水源涵养、水土保持、防风固沙、生物多样性维护等；生态敏感性：水土流失、石漠化、土地沙化、盐渍化等	—
农业生产	农业耕作条件：坡度、高程	水资源丰度：降水量、水资源总量	农业生产气候和环境条件：光热条件、土壤环境容量	—	气象灾害风险：干旱、洪水、寒潮
城镇建设	城镇建设条件：坡度、高程起伏度	水资源丰度：降水量、水资源总量	城镇建设环境条件：大气环境容量、水环境容量	—	地震危险性：活动断裂；地质灾害危险性：崩塌、滑坡、泥石流等

（表格来源：根据广州市国土空间规划"双评价"试评价工作整理）

海域资源环境承载能力评价指标体系　　表 2.10

功能指向		资源环境承载能力评价			
		海洋资源	海洋生态	海洋环境	海洋灾害
海洋生态保护		—	海洋生态重要性：典型海洋生态系统、生物资源集中分布区、典型海岸、海岛及自然景观区	—	—
海洋建设开发	渔业资源利用	资源利用条件：初级生产力	—	环境条件：富营养化指数	—
	港口航运	资源利用条件：岸线、水深	—	水动力条件：有效波高	海洋灾害风险：风暴潮、海啸、海浪、海冰灾害危险性
	工业利用	资源利用条件：水深、海底坡度	—	水动力条件：流速	海洋灾害风险：海浪、海冰灾害危险性

（表格来源：根据广州市国土空间规划"双评价"试评价工作整理）

以重庆市和涪陵区为代表的西南部地区，相对而言，自然本底条件和生态环境状况并不优越，其试评价工作相比于其他试点，更加重视城镇建设的适应性，评价方法的重点在于处理自然生态环境与城镇建设间的冲突矛盾，指导建设用地的合理布局。

以宁夏回族自治区和固原市为代表的西北部地区，自然本底和生态环境容量相对较差，其试评价工作相比于其他试点，更加重视生态环境的修复，评价方法的重点在于评估资源环境的承载极限，为区域生态安全保驾护航。

习近平总书记在参加十三届全国人大二次会议内蒙古代表团审议时强调指出，要坚持底线思维，以国土空间规划为依据，把城镇、农业、生态空间和生态保护红线、永久基本农田保护红线、城镇开发边界作为调整经济结构、规划产业发展、推进城镇化不可逾越的红线，立足本地资源禀赋特点、体现本地优势和特色（常雪梅，2019）。

新时期的国土空间规划，应当通过"双评价"确定规划的目标指标。通过不同方向的承载力评价为规划编制的目标指标制定提供依据，确定特定区域或城市的生产、生活、生态空间的极限容量值，作为基本农田保有量、林地保有量、城镇建设用地总量等指标设定的依据。并在此基础上预测人口总量、公共服务配套设施数量。采取"以地定人"的思路，保证城市的可持续发展。

应当通过"双评价"结果确定保护空间和发展空间。规划编制"底线管控和战略引领"的目标落实到空间上是保护空间和发展空间的划定，可以通过生态保护等级、农业生产适宜性评价的结果确定刚性的生态保护和农业生产区域，作为永久基本农田、生态保护红线划定的基础。通过城镇建设适宜性评价、用地的潜力分析，结合实际的重大项目情况，确定城镇空间，划定城镇开发边界。评价结果可成为国土空间规划中划定控制线的重要依据，标准统一的空间规划评价将有效避免控制线重叠、划定标准不一等问题。

　　应当有效衔接不同层级的"双评价"结果。"双评价"分为国家层面、省层面和市县层面三级，由于评价的目标、指标和精度要求都存在一定差异，导致评价结果之间会出现不一致的现象，如何有效衔接不同层级的评价结果是非常重要的。国家和省层面的评价应该更多地强调生态系统服务功能的重要性，以便后续识别出具备国家和区域尺度的重要生态功能区，并传递给市县一级。而对于市县层面的评价来说，应将生态敏感性作为更重要的指标，重点考察对人为因素影响的脆弱程度。

第三章 守望共同梦想：战略目标制定与传导

《孟子·藤文公上》中提到"死徒无出乡，乡田同井，出入相友，守望相助，疾病相扶持，则百姓亲睦"。守望相助是达成共识、形成合力的必要和重要方法。"多规合一"是通过理顺规划体系，达成规划共识，促进空间治理现代化的过程，实质上是一种共同守望的过程。具体来讲，要实现共同守望，应具有共同的愿景，共同的目标；共同的纲领，共同的内容；共同的规则，共同的准绳。战略与目标的统一明确了空间保护与发展的方向，是编制国土空间规划、实现"多规合一"的必要内容。

第一节 战略思维下的空间规划发展

"多规合一"的开展是共同守望的过程。在共同守望的过程中寻找共同目标是十分关键的环节，但是以往静态规划方式已无法在日息万变的信息时代为我们提供寻找共同目标的有效路径，我们需要寻找解决问题的新方法和新路径。

战略思维是通过把握引起事物变化因素的规律，促成目标状态形成的一种思维方式，是一种动态的、强调过程调整的思维方式。这种思维方式为我们提供了一种全新的解决空间规划问题的途径。

实际上，战略思维方式与空间规划的结合，早在20世纪七、八十年代已开始探索和逐渐发展，并以空间战略规划或者概念规划的形式体现。作为共同行动纲领和目标的战略层面规划的制定将为"多规合一"指引方向，也是国土空间规划的必备内容之一。研究战略规划的发展和制定方式，将有助于推动"多规合一"过程中目标战略的制定。

国外将战略规划看作为一种行动框架，Healey将空间战略规划定义为"一个由来自不同制度关系和地位的人们组织在一起，为了管理空间变化，设计规划编制过程内容和战略的社会过程。这个过程产生的不仅仅是以政策和项目建议形式的正式成果而且是一个决策框架，它可以影响相关主体未来的投资，并规范他们的行为"。从战略规划的定义中我们可以看到，战略规划实际上是一个在空间决策层面多方协同的过程，也可以说是在决策层面的"多规合一"过程。

国外及我国港澳台地区比较有代表性的空间战略规划有芝加哥的2040、日本的2050、中国香港的2030、中国台湾的县市综合综合发展计划、新加坡的发展概念规划等。

大芝加哥都市区，包括芝加哥市周围伊利诺伊州东北部的6个县。这个区域可以说是美国最复杂的都市区之一，包括272个市镇、303个学区、587个自治的公共机构。每个地方政府都有自治权，无论是联邦政府、州政府还是县政府，都无法控制这些城镇土地使用的决策。该区域发展最大的问题是发展不平衡的问题。为解决区域协调问题，达成大区域共识，从2001年开始，大芝加哥都市开始着手开展《大芝加哥都市区2040区域框架规划》（芝加哥2040）的制定工作。整个工作共历时四年多，2005年完成。[①]

① 黄玮. 中心·走廊·绿色空间——大芝加哥都市区2040区域框架规划 [J]. 国外城市规划, 2006（4）.

芝加哥2040是大芝加哥都市区的区域性战略规划，该规划由NGO牵头，区域规委员会（NIPC）提供技术支持，规划采用了一种新的规划途径，被称为"共识：区域行动的蓝图"。这种规划方法是在把独立的地方行政区作为规划和管理基本单元的基础上，通过搭建公众、规划师、地方官员三者之间的沟通渠道，在承认利益的多元性的前提下，促进三者的共同协作和地方、区域兼顾。通过达成"共识"的过程，规划提出了2040年芝加哥大都市区的共同美好远景：东北伊利诺伊将成为建立在人口多样性基础上的宜居社区，以及以健康的自然环境、全球竞争力和管理协作而闻名的区域。

从芝加哥2040整个规划的过程来看，该规划是一个达成共识的过程。规划目标的提出来自于社会最基本的单元——社区，最终实施战略也回归于社区。规划提出的"中心、走廊、绿色空间"的区域框架也是对地方土地使用框架规划的综合，实施战略和区域目标也是相呼应的。芝加哥2040的规划途径和方法是目前西方地区空间战略规划的发展趋势。

我国台湾地区具有战略规划意义的规划主要为县市综合发展计划。县市综合发展计划可以说是与台湾民主化过程息息相关的地方发展和地方治理的战略规划。[②]台湾的县市综合发展计划主要作用是通过地方层面的民主过程，寻求基于地方特色的发展，明确地方发展愿景，达成地方共识。这种地方的共识成为与政府进行对话的有效工具。最为著名的案例是宜兰县通过县市综合计划对产业发展的选择。

② 刘昭吟，林德福，潘陶. 战略规划意义之两岸比较 [J]. 国际城市规划, 2013（4）.

台湾宜兰县经济发展滞后于台湾西部，但宜兰县并没有选择走台湾西部的工业化发展之路，在宜兰县县市综合发展计划制定时明确提出了宜居和旅游的发展主题，并且对政府基于区域平衡战略给予的项目主动进行评估和选择。[③]通过基于地方自治的县市综合计划的制定，宜兰县提出了切合自身特征的发展目标和实施路径，达成了发展共识。

③ 刘昭吟，林德福，潘陶. 战略规划意义之两岸比较 [J]. 国际城市规划, 2013（4）.

香港2030是香港未来发展的战略性纲领性文件，整个规划过程经历了四个阶段，分别为拟定工作程序和规划检讨、开展规划课题和设定评审大纲、制定假设情况和方案、草拟发展策略与应变计划。香港2030规划在规划过程中更强调广泛的参与和深入的研究（图3.1）。

香港2030关注可持续发展与以人为本，总体目标为必须贯彻可持续发展概

图3.1 香港2030研究流程图（图片来源：《香港2030规划远景与策略》）

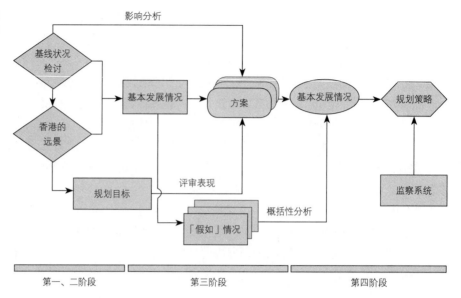

念，治理均衡满足这一代和后代在社会、经济和环境方面的需求，从而提供更佳的生活质量。

规划过程强调"远景带动"的目标导向和与大珠三角地区的区域协调发展，规划采用了情境模拟和应变机制，为确保所建议的策略有可能有效的应付各种情况，拟定一些"假定情况"，以便具体了解影响规划策略的各种可能出现的变化，并制定相应应变机制的方案。

从国外及我国港澳台地区战略规划制定的发展趋势中可以看到，战略规划逐渐从物质规划向政策规划转变，规划的制定过程是一个上下互动达成共识的过程，其成果是一个城市与社会治理的共识。这与"多规合一"过程中要达成的治理共识的目标是一致的。

我国各种空间性规划中战略目标制定环节的发展过程是与我国经济社会由计划经济向市场经济转变的发展变化息息相关的。在战略目标制定方法方面也不断借鉴战略思维的模式，由目标导向向过程导向转变，由蓝图描绘向政策引导转变。

新中国成立之初到20世纪90年之前，我们基本实行的是计划经济或计划经济+商品经济的社会经济模式。在这种经济模式下，无论是城市规划还是土地利用规划，这些空间性规划的重要任务是落实国民经济和社会发展计划下达的各项经济社会指标和要求，帮助计划落地实施。这种规划分工组织下，国民经济和社会发展计划按照设想的经济社会运行规律，对一段时间内经济社会发展的目标指标制定计划，并要求社会各界按照此计划落实，保障计划的实施；而城市规划或其他空间性规划，不需解决发展目标问题，只需进行空间落实即可。因此，这种规划模式重点是通过蓝图描绘方式落实经济社会发展计划安排。

但是，随着我们经济体制的改革，市场在资源配置方面的作用逐渐加强，从"十五"计划开始，大量原来由计划制定的指令性指标，转变为根据市场发展趋势预测的指导性指标。许多以前作为城市规划依据的指标不复存在。[1]编制空间性规划的人员者需要把握市场经济特点，变静态思维模式为动态的战略思维模式，从单纯关注空间蓝图式规划模式向经济、社会、生态、空间、土地全维度思考模式变化。这种思维方式的变化是对规划条件、规划任务变化的一种适应，也是对经济模式和治理模式的一种适应。

我国最早的战略规划是1994年上海市政府组织的《迈向二十一世纪的上海》发展战略研究。[2]2000年《广州市总体发展概念规划》则产生了更为深远的影响。

2000年，广州市行政区划调整，广州市本级政府可规划管控的面积由传统老八区（荔湾、东山、越秀、海珠、天河、白云、黄埔、萝岗）扩展到番禺和花都，城市发展面临城市未来发展方向选择的问题。当时，由吴良镛先生倡议，在广州市人民政府组织下开展了《广州市总体发展概念规划》编制工作。[3]至此之后，我国规划界进入了一个空间发展战略规划时代，从省会级城市到中小城市纷纷开展城市空间发展战略规划的编制工作。到目前为止，大致经过了三个阶段。

第一阶段的空间战略规划编制与"经营城市"一词紧密相关。

这一阶段的空间战略规划产生的背景前文已经分析，是我国从计划经济到市场经济的过渡时期。这一时期，从国际发展背景来看，中国正在逐渐融入经济全球化浪潮之中，这给城市的发展带来了很多不确定性；从国内体制变化来看，经过多年的改革开放，我国的经济社会都取得了长足的发展和进步，但是对一个城市而言却面临着市场化背景下城市竞争越来越激烈，而区域协调机制并未健全的问题，与此同时通过20世纪八、九十年代一系列的中央与地方分权、分税制改革和土地使用制度的改革，我国城市土地的资本特性越来越明显（图3.2）。

这些变化，使得城市依托地方事权运用市场经济手段，提高城市竞争力积极融入经济全球化发展，将城市做大做强成为城市政府需要解决的关键问题。

①赵燕菁. 探索新的范式：概念规划的理论与方法 [J]. 城市规划, 2001（3）.

②刘昭吟，林德福，潘陶. 战略规划意义之两岸比较 [J]. 国际城市规划, 2013（4）.

③赵燕菁. 探索新的范式：概念规划的理论与方法 [J]. 城市规划, 2001（3）.

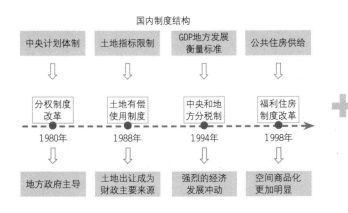

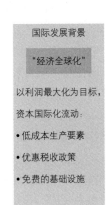

图3.2　国内国际发展背景变化（图片来源：根据相关资料自绘）

为解决这个问题，"经营城市"或者"城市经营"一词被各个城市政府广泛关注和普遍接受。

所谓经营城市是政府运用市场经济手段，通过市场机制对构成城市空间和城市功能载体的自然生成资本（土地、河湖）与人力作用资本（如路桥等市政设施和公共建筑）及相关延利资本（如路桥冠名权、广告设置使用权）等进行重组营运，以实现城市资源配置容量和效益的最大化、最优化。[①]

①刘树梅等. 密云，聚世上景，集天下人 [N]. 人民政协报，2002-03-10.

城市空间是城市经营的重要领域，1998年住房制度的改革，使得城市空间的商品化的属性更为突显，为有效地经营城市，城市政府需要一种基于区域观点、把握市场变化特点的空间发展指引，帮助他们经营好所管辖的城市。

这种空间发展指引，在当时诸如城市总体规划、土地利用总体规划这些法定空间性规划中没有找到合适的载体，使得地方政府只能放弃现成的规划工具，去寻找其他的模式。[②]在这个背景下，城市空间战略规划在我国应运而生了。

② 张兵. 敢问路在何方？——战略规划的产生、发展与未来 [J]. 城市规划，2002（6）.

城市空间战略规划立足于市场经济大背景，将社会经济发展的潜在可能和需要（产业结构调整、发挥竞争优势、培育新的经济增长点等）解释为空间的语言（不同功能的空间分布、发展方向、城市结构和基础设施等），成了一个横跨经济与空间的规划。[③]从这个意义上来说，城市空间战略规划是在战略层面解决"多规合一"问题的有效手段。作为一种手段或方法的空间战略规划，也可以被定义为是为整体发展提供导则或框架，考虑各方的不同利益，通过政府内部的协调谈判，形成远景设想和近期行动，引导利益相关者的行为实现空间变化的共同目标。[④]

③赵燕菁. 探索新的范式：概念规划的理论与方法 [J]. 城市规划，2001（3）.

由于这一阶段城市空间战略规划往往立足于区域角度进行分析，规划的视野突破了原有城市总体规划设定的城市规划区的范围，规划的全域性色彩开始展现出来。同时此时的空间战略规划肩负帮助城市政府有效经营城市的目的，所以此阶段的空间战略规划更注重空间拓展，跨越式发展的规划方案较为常见。

④刘慧，樊杰，李杨."美国2050"空间战略规划及启示 [J]. 地理研究，2013（1）.

如，广州市2000的城市空间概念规划提出的是"南拓、北优、东进、西联"的空间拓展发展战略（图3.3）；南京市城市空间发展战略研究也提出"面向大上海，轴向发展优先向东扩展城市空间，构筑宁镇扬都市区"的拓展方向。这种跳开主城，跨越式发展的模式是对传统的"外溢"发展模式的变革。同时，这一时期的战略规划在区域观的指导下，更加注重在区域合作基础上提升城市自身的竞争力，是从全区域角度对城市的发展方向和模式的重新审视。

2001年，中国加入WTO，在全球经济化带来机遇的同时，城市政府越来越感受到了全球化带来的未知风险。在2008年左右，城市空间战略规划的编制开始从积极融入全球化，向有效规避全球化带来风险逐渐变化。与此同时，在城市化达到一定水平、都市区空间骨架基本成型及城市内部问题突出等转型压力下，人口增长及空间扩展这一外延发展模式不再是城市发展的最主要动力；[⑤]为保护生态环境及粮食安全，国家土地政策也在不断收紧，土地增量指标越来

⑤王旭，罗震东. 转型重构语境中的中国城市发展战略规划的演进 [J]. 规划师，2011-12.

越少，以往依靠土地增量寻求城市发展的模式受到了极大的制约。伴随此背景，城市空间发展战略规划开始向"提质、增效"发展。

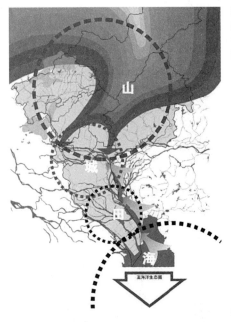

图3.3 广州2000年战略规划图（图片来源：《广州城市建设总体战略概念规划纲要（2000）》）

例如，2009年开始的新一轮广州市城市总体发展战略规划提出"继承、发展、创新、提升"的原则，并结合新的发展背景与形势，推进"南拓、北优、东进、西联"战略，同步实施"中调"，明确从"拓展"走向"优化提升"的城市总体发展战略，并从空间整合、产业结构优化、生态及历史风貌区保护以及区域一体化发展等多个角度对规划目标做出了阐述。①

①广州市城市总体发展战略规划——从"拓展"到优化提升.

与广州类似，天津市在2003年进行城市空间发展战略研究基础上，2008年又进行了第二轮的相关研究工作。

2008年版《天津战略》提出"双城区、双港区"的空间战略。"双城区"分别是指天津中心城区和滨海新区核心区，"双港区"分别是指天津港的北港区和南港区。规划从天津市内部空间优化和区域带动强化的角度提出"三轴、两带、六板块"的空间发展目标。2008版《天津战略》与2003版相比较，更加强化了内部空间优化与区域带动强化之间的关系（图3.4）。

十八大之后，国家启动了"五位一体"的改革发展框架，提出经济建设、政治建设、文化建设、社会建设、生态文明建设多元协同发展，经济建设从注重总量向注重质量调整，经济总量不再是官员考核的唯一标准，经济指标也开始走向多元。特别是2014年对中国经济发展新常态的认识和2015年生态文明体制改革的要求，必将指引城市空间发展战略规划的价值取向和制定手法的提升。

这种变化主要体现在三方面：一是在生态文明建设的要求下，空间战略的谋划将从注重和强调发展要素向在底线思维约束下的发展与保护协调方面迈进；二是各地方政府寻求更符合地方特点的、可持续可实施的发展模式，这使得战略规划的规划过程将不只是规划者在室内的推理和设想，规划目标也不只是城市在经济竞争上的获胜，而是以战略规划为平台，政府、市民、城市建设利益方等多方协商达成共识的过程；三是经济发展的不确定性必然要求规划给予适合于不同情景的解决方案，这要求规划者应具备制度分析的洞察力和建构制度的综合能力，同时促使战略规划从蓝图式方案向政策和制度设计转变。

战略规划的这种发展变化趋势在厦门市的《美丽厦门战略规划》进行了有益探索。

图3.4 天津市"双城双港、相向拓展、一轴两带、南北生态"总体战略格局图（图片来源：《天津市空间发展战略规划》（2008年））

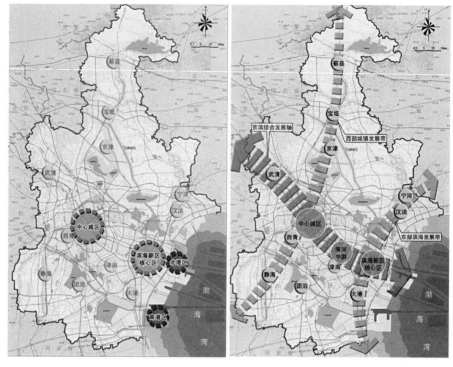

图3.5 美丽厦门战略规划图（图片来源：《"美丽厦门"——厦门城市战略规划》）

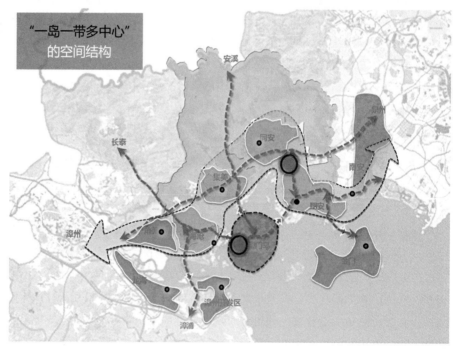

"一岛一带多中心"
的空间结构

2013年，厦门市开始着手编制厦门市战略规划。厦门市将战略规划作为全市上下构建共同发展愿景的平台，通过"共同缔造"的手段，共同构筑美丽厦门（图3.5）。

　　《美丽厦门战略规划》提出了"两个百年"的美好愿景——到建党100年时，建成美丽中国的典范城市；到新中国成立100年时，建成展现中国梦的样板城市，在全国全省发展大局中发挥更大作用。规划对愿景进行了具体解读，明确了"国际知名的花园城市、美丽中国的典范城市、两岸交流的窗口城市、闽南地区的中心城市、温馨包容的幸福城市"的城市定位。

　　这些发展愿景和城市定位的选择并不是城市政府的一厢情愿，而是通过全市上下的共同决策和城市多元选择的结果。在整个战略规划形成过程中，厦门市委先后召开了5次常委会、21次专题会议进行研究，印制70万册规划简本，发放到每家每户征求意见，共收集3.2万余条意见建议，立即解决2.95万余条，梳理汇总形成1500余条意见建议，1302条被吸纳进规划中。[①]这种在规划编制过程中如此广泛的公众参与在我国的规划编制历史上尚属首例，可以说是我国战略规划从单纯为政府编制规划向寻求城市各种利益相关方的共识的一种有益尝试。

　　在规划内容上，《美丽厦门战略规划》也对传统的战略"规划脸"进行了改造，特别强调了战略规划实现的制度设计，并将其概括为"共同缔造"的工作方法。

　　在"共同缔造"的制度设计中，首先组建了市、区、镇（街）、村（居）各级牵头协调机构，建立市筹划、区统筹、镇（街）组织、村（居）为主负责实施的工作体系。这种工作组织方式的设计可以说是与我国目前行政管理相结合的最为有效的工作组织方式。在此基础上，制度设计关键是建立了有效的群众参与机制。这种群众参与机制一方面通过搭建公众参与的信息化平台，组建市民评审团、市民调查、公众论坛等拓宽了公众参与形式；另一方面建立了群众参与激励机制。这些群众参与的奖励机制包括：以分类施策为基础，发动群众参与，以"以奖代补"项目为载体，吸引群众参与，以培训提高为切入，引导群众参与，以规划协调服务为纽带，启发群众参与，以宣传培育精神为根本，提升群众参与，以年度考评为手段，激励群众参与。这些制度的设计使得战略规划逐渐从蓝图式的愿景设计走向了一种达成共识的协调规划和过程规划。

　　《武汉2049》远景发展战略规划是基于国际视野和城市可持续发展理念下的对新中国成立一百年时武汉市的构想。规划的目标定位为绿色城市、宜居城市、包容城市、高效城市、活力城市，这一目标的制定，将对生态的关注和人的关注放在了对经济关注之前，体现了该规划并非一个关注经济的规划，而是更加注重人的规划。为达到规划设定的目标，武汉2049采用开门规划，多视角参与的方式，寻求武汉市民认可的发展愿景，同时通过多情景、多阶段发展模拟，构想未来武汉的发展（图3.6）。

　　《上海总规2035》打破了现有的城市总体规划的编制方法，力求在规划理念、规划方式、规划内容进行创新。在规划理念上，规划从传统的以经济发展为导向的增量规划向以人为本的、注重内涵发展的存量规划转变；在规划方法

①王蒙徽. 推动政府职能转变，实现城乡区域资源环境统筹发展［J］. 城市规划，2015-06.

图3.6 武汉2049战略规划
图（图片来源：《武汉2049
远景发展战略规划》）

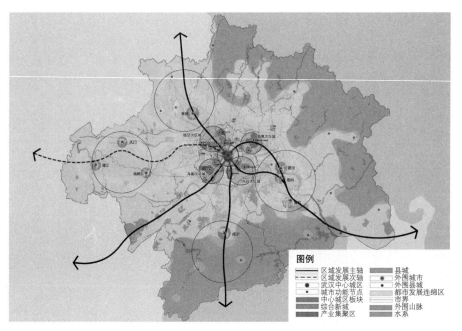

上注重公众参与，并制定了一系列的工作参与的方式方法，保障公众参与的力度；在规划内容上采用全球城市区域空间战略+上海大都市区空间规划，并搭接总体规划等法定规划的三结合的方式探索大都市区域总体规划规划内容的创新。

上海市开展2035年城市总体规划之初就启动了战略研究工作。上海城市总体规划的战略研究始终将上海的城市发展置于国家视野之下，从经济意义、文化意义、政治意义三个方面分析国家战略与上海城市转型的紧密联系，同时从国际环境、产业革命、经济升级和空间格局四个维度分析战略性挑战。[①]

《北京市城市总体规划（2016—2035年）》的编制始终围绕"建设一个什么样的首都，怎样建设首都"这一核心问题。这个问题为确立新时期北京城市发展的关键目标和奋斗方向提供了指引。[②]要有效地回答这个问题，势必要求规划要以区域视角，在全域空间从经济、社会、生态、空间等多要素进行统筹协调和提供政策保障，北京2035总体规划打破了传统总体规划脸谱化的标准格式，从问题—战略—空间—制度探索了新型空间规划的编制方法（图3.7）。

我国的空间战略规划另一个发展走向是向法条化迈进。早期的空间战略规划，一般停留在研究层面，名称一般为"城市空间战略研究"、"城市空间概念发展研究"等，这种研究成果的结论主要通过城市总体规划进行落实，也就是说城市空间战略规划成了城市总体规划的前期研究工作，这种做法目前已成为普遍做法。但是我国的空间规划体系是一种"多规"并行的空间规划体系，将空间战略规划变为城市总体规划的前期研究，降低了其对整个城市空间各类规划的统领地位。为了明确空间战略规划的法定地位，发挥其对城市空间发展的引领作用，具有立法权的城市或地区逐渐探索将空间战略规

①石崧．特大城市地区如何引领实现百年目标［J］．城市规划，2018（3）．

②王飞，石晓东等．回答一个核心问题，把握十个关系——《北京市城市总体规划（2016—2035年）》转型探索［J］．城市规划，2017-11．

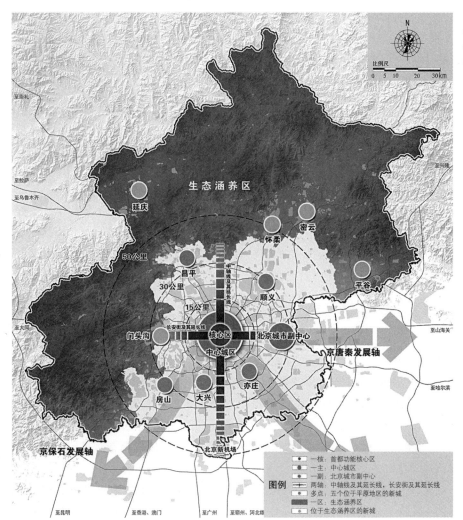

图3.7 北京市市域空间结构图（图片来源：《北京市城市总体规划（2016—2035年）》）

划成果法定化的道路。

2011年天津市在2008年编制的《天津市城市空间战略规划》的基础上，制定了《天津市空间发展战略规划条例》，该条例即将战略规划确定的主要内容如城市总体战略、重要生态保护区域和重点发展区域进行了明确，同时对空间战略规划的定位、工作任务、组织编制单位、编制工作城乡和审查审批程序和单位进行了规定，为战略规划的编制和实施提供了法定依据。

2014年，宁夏回族自治区在制定《宁夏空间发展战略规划》的基础上出台了《宁夏回族自治区空间发展战略规划条例》。

《宁夏空间发展战略规划》是在国家批复内陆开放型经济试验区和综合保税区的大背景下，按照一个大城市统筹发展的思路，对空间布局、产业发展、交通基础设施建设、生态环境保护等方面做出的战略部署，是对宁夏未来发展所做的重大的、长远的、决定全局的谋划。

为保障空间发展战略规划这一规划类型的法定地位，宁夏制定了《宁夏回族自治区空间发展战略规划条例》。与天津的空间发展战略规划条例不同，宁夏未将战略规划的规划内容写入条例，而是着重规定了空间发展战略规划的地位、作用、编制程序等内容，可以说宁夏空间战略规划条例是空间战略规划的编制办法。

在宁夏空间战略规划条例中，特别指出了"空间发展战略规划应当作为经济社会发展规划、城乡规划、土地利用规划等规划的编制依据"，解决了以往城市空间战略规划只是城市总体规划前期研究的尴尬地位，同时也为"多规合一"的合一目标提供了法律依据。

在城市总体规划不断探索空间战略的过程中，我国另一主要的空间性规划——土地利用总体规划在其编制过程中也在探索基于城市发展目标战略下的土地利用战略的谋划。如广州市在编制《广州市土地利用总体规划（2006—2020年）》时，提出了"优化协调"土地利用战略，构建了战略—策略落实路径。

① （清）陈澹然. 寝言·二迁都建藩议.

古人云："不谋全局者，不足谋一域。不谋万世者，不足谋一时。"[1]空间战略规划可以说是谋全局的、针对中长期发展愿景和目标、涉及空间发展与保护重要要素的一种谋划。从空间战略规划的发展历程我们也可以看出，我国的空间战略规划逐渐从一种面向城市政府的专家把脉型的蓝图式研究逐渐向多元参与的、注重协调和制度设计的共识性过程发展，而且通过法定化的途径，这种共识正逐渐成为城市"多规"共同要落实的目标，这种变化，与本书重点论述的"多规合一"工作不谋而合，"多规合一"过程中战略制定将成为不可回避的环节。

2017年9月，原住房城乡建设部《关于城市总体规划编制试点的指导意见》（建规字〔2017〕199号）中对新一轮城市总体规划内容要求中特别强调了发展战略与目标的制定。在该指导意见中提出，新一轮城市总体规划的编制应凝聚全社会发展共识，形成与"两个一百年"目标相衔接的城市发展愿景。落实国家和区域发展战略，确定城市战略定位，明确经济社会发展、生态保护、宜居环境建设等目标和发展思路。尊重城市发展规律，以水、土地等资源环境综合承载力为硬约束，预测规划期末全市域城乡人口规模及与其匹配的建设用地规模。

2018年1月原国土资源部下发了《国土资源部办公厅关于开展新一轮土地利用总体规划编制试点工作的通知》，提出了"聚焦加快形成绿色发展方式和生活方式，落实区域协调发展、乡村振兴、可持续发展等国家重大战略，统筹当前与长远、局部与整体、需求与可能，提出规划目标和重大任务"的要求。在具体开展土地利用总体规划试点时，有些城市，如广州在落实城市发展目标愿景"美丽宜居花城，活力全球城市"基础上，从土地利用角度提出了"开放引领"、"生态引领"和"品质引领"三大土地利用战略，统筹与指引全域土地空间管控与保护利用，为实现"生态、资源和资产"三统一的土地利用目标制定战略实施路径。

在空间规划改革的过程中，战略引领的内容是实现"多规合一"的前提。自然资源部成立后，在制定空间规划体系和形成各级国土空间规划编制指导意见的过程中也十分强调规划战略性内容的制定工作。在2019年5月下发的《关于建立国土空间规划体系并监督实施的若干意见》（以下简称《若干意见》）中，特别强调了规划编制要体现战略性。《若干意见》指出，规划编制要"落实国家安全战略、区域协调发展战略和主体功能区战略，明确空间发展目标，优化城镇化格局、农业生产格局、生态保护格局，确定空间发展策略，转变国土空间开发保护方式，提升国土空间开发保护治理和效率"。国土空间规划的核心任务是贯彻生态文明思想，提升国土空间开发治理效率，这要求国土空间的管理要从传统自上而下的管理方式走向多元共治的现代化治理模式。要实现这一任务要求，需要统一共识的过程，战略思维及其引发的战略内容，将成为指引"多规合一"的重要方向。

第二节 目标—战略—指标的统一与传导

目标战略的统一形成了"多规合一"共同守望的方向。在规划过程中进行战略谋划已经成为空间规划的重要内容之一。利用战略思维方式，以国家赋予的使命为方向，通过区域和历史多维度的分析，在多元参与下，寻求空间发展的愿景和共识既是"多规合一"工作的重要手段，也是重要内容（图3.8）。

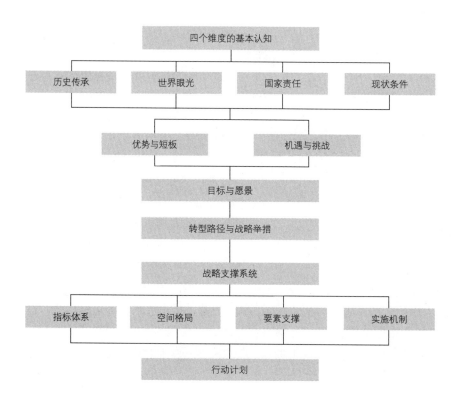

图3.8 空间战略制定路线图（图片来源：自绘）

统一目标战略的过程也是多方达成发展目标和行动共识的过程。在编制空间规划和开展"多规合一"工作的过程中，应以国家发展的总体目标为导向，结合地方实际，制定城市的目标愿景。十九大提出了"两个一百年"奋斗目标，吴良镛先生谈到规划如何实现百年目标时，提到要注意环境资源、尊重现状、遵循城市发展规划、量力而行和体制机制创新。[①]这些因素都是我们进行战略谋划过程中应该重视的。

①特大城市地区如何引领实现百年目标 [J]. 城市规划，2018（3）.

通过空间战略制定，推进国土空间规划协同编制的工作模式在全国范围内已经广泛接受。目前已经开展或者正在开始"多规合一"的城市都在开展工作之初，先行进行了空间战略的研究工作。如广州、厦门等城市在开展"三规合一"和"多规合一"之前都率先制定了城市的空间发展战略规划。广西贺州市、湖南临湘市是国家四部委联合开展的"多规合一"试点城市。这两个城市虽然一个为地级市，一个为县级市，但是他们在开展"多规合一"时都把开展战略规划作为"多规合一"的前提条件。

建立战略传导机制才能保障目标愿景在空间上的落实和实现。许多城市在此方面也进行了实践探索。

广州市在形成"南拓、北优、东进、西联、中调"的空间发展战略之后，2012年为保障战略的落实，开展了空间功能错位发展的研究工作。此项工作按照战略规划的发展意图将市域空间分为20多个发展功能组团，并给每个功能组团明确了发展定位和方向。与此同时，广州市土地利用总体规划依据国土资源部赋予广州的城乡统筹土地改革试点方案要求，以这些功能组团为编制单元，编制功能片区土地利用总体规划。

广州市"三规合一"工作开展时，与功能片区土地利用总体规划编制充分结合，依据战略确定的功能片区功能定位要求，制定了差异化的土地资源配置策略和规划差异协调方法，并通过划定生态控制线、建设用地增长边界控制线、建设用地规模控制和产业区块控制线进一步引导法定规划的联动修改，促进了战略格局的实现，探索了"战略—空间—行动"的传导路径（图3.9）。

"战略—指标—空间—行动"传导体系重点应包括指标体系上的传导和在空间行动上的传导两大方面。

目标战略与指标的有机传导，是将抽象的目标和战略具体化为可量度、可监测、可考核指标的过程。指标体系是空间规划考核的重要抓手之一，将目标战略与指标体系制定关联起来，将有效保障目标战略的实施。

广州市在开展国土空间规划先行先试工作中也特别强调战略传导的落实。《广州市国土空间总体规划》围绕国家提出的"两个一百年"的目标，落实《粤港澳大湾区发展规划纲要》要求，突出全球视野、国家责任、广州特色和历史传承，对标对表国际国内先进城市经验，提出广州城市定位和分阶段目标。并在目标愿景的指引下，制定了城市转型发展的六大策略路径，将目标量化分解规划目标，制定核心指标和城市体征监测指标体系，形成战略—定位—目标—指标传导路径。

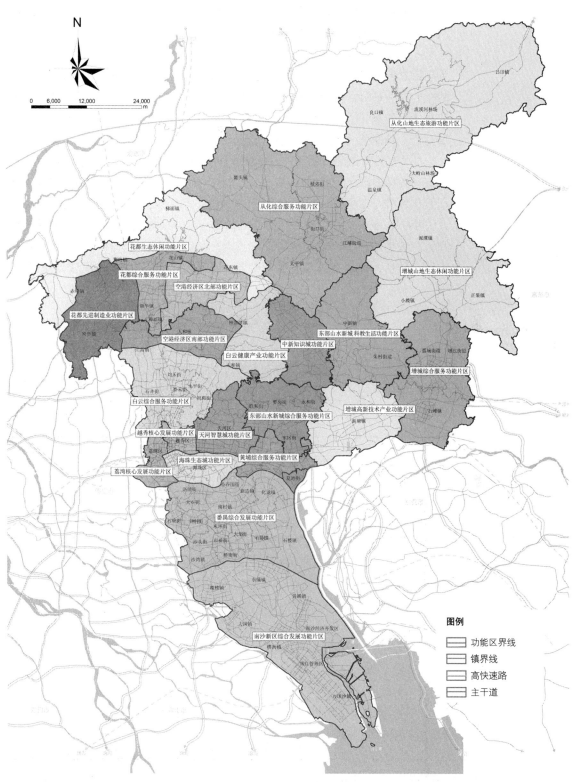

图3.9 广州市功能片区设置方案图（图片来源：《广州市功能片区土地利用总体规划设置方案》）

战略指引下的指标体系构建是保障战略目标落地实施的重要环节，也是解决"多规"指标衔接的重要方法。目标战略引领下的"多规合一"指标体系构建是一个协调、统一的过程。"多规合一"在整合多个规划的过程中，往往会发现每类每种每个规划都有其各自的指标体系，在这些庞杂的指标体系中选择的核心方法是对目标战略的落实和空间的指引。统一指标体系将成为实施发展目标战略的重要手段。具体来讲，统一指标体系大致可分为现有指标解析、战略筛选、协调统一和考核落实四个步骤（图3.10）。

在构建目标战略传导下的指标体系时，还应注意几个问题：首先各项指标应统一指标的定义和数据来源，并对计算方法和考核要求进行明确。其次在指标管控的传导过程中，应区分传导指标和特色指标，传导指标是自上而下一致性指标，便于上下联动对接和自上而下的监管；特色指标是表达地域特色和地方特点的指标，是地方用于自我提升和监控的指标。传导指标和特色指标两者结合，可以有效实现上下传导，又可以体现不同空间层级规划的特色（表3.1）。

图3.10 指标体系构建技术路线图（图片来源：自绘）

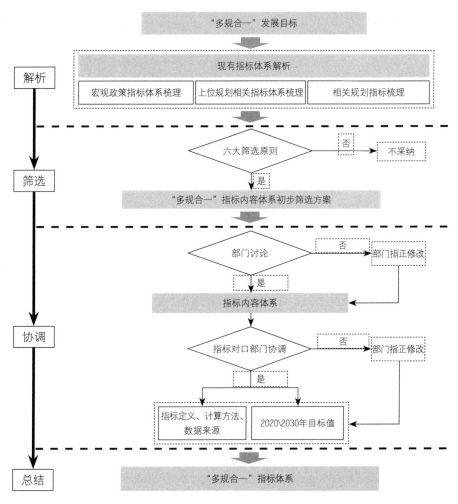

主要空间性规划指标体系 表3.1

指标体系类别	指标类型	具体指标
主体功能区规划	陆地国土空间开发	开发强度、城市空间、农村居民点、耕地保有量、林地保有量、森林覆盖率
国土规划	国土开发、保护和整治	耕地保有量、用水总量、森林覆盖率、草原综合植被盖度、湿地面积、国土开发强度、城镇空间、公路与铁路网密度、全国七大重点流域水质优良比例、重要江河湖泊水功能区水质达标率、新增治理水土流失面积
土地利用总体规划	总量指标、增量指标、效率指标	耕地保有量、基本农田保护面积、建设用地总规模、城乡建设用地规模、城镇工矿用地规模、园地、林地、牧草地、新增建设用地规模、新增建设占用农用地规模、新增建设占用耕地规模、土地整治补充耕地义务量、人均城镇工矿用地等
林地保护利用规划	—	森林保有量、征占用林地定额、林地保有量、林地生产率、重点公益林地比率、重点商品林地比率
生态环境保护规划	生态环境质量、污染物排放总量、生态保护修复	除环境质量和污染控制指标外，涉及空间保护与修复的指标还包括森林覆盖率、森林蓄积量、湿地保有量、草原综合植被盖度、重点保护野生动植物保护率、自然岸线保有率、新增沙化土地治理面积、新增水土流失治理面积
城市总体规划	经济指标、社会人文指标、资源指标、环境指标	GDP总量、人均GDP、服务业增加值占GDP比重、单位工业用地增加值、人口规模、人口结构、每万人拥有医疗床位数/医生数、九年义务教育学校数量及服务半径、高中阶段教育毛入学率、高等教育毛入学率、低收入家庭保障性住房人均居住用地面积、预期平均就业年限、公交出行率、各项人均公共服务设施用地面积、人均避难场所用地、地区性可利用水资源、万元GDP耗水量、水平衡（用水量与可供水量之间的比值）、单位GDP能耗水平、能源结构及可再生能源使用比例、人均建设用地面积、绿化覆盖率、污水处理率、资源化利用率、无害化处理率、垃圾资源化利用率、SO2CO2排放削减指标

（表格来源：根据相关资料整理）

　　浙江省德清县"多规合一"试点工作在统一指标体系的过程中按照上面提到的四个步骤进行了实践探索和应用。

　　第一步：解析总体发展目标和现有指标体系。首先对德清县"多规合一"发展总体目标进行分类解析，明确德清在经济产业、资源环境、社会人口、基础设施以及空间管制五个方面的发展方向和发展目标。在发展总体目标与分类目标为导向下，结合"新常态"、新型城镇化、全面建设小康社会等国家宏观政策和浙江省相关规划的发展要求，重点解析德清县四个县域主要规划指标体系的不同侧重点，结合德清县正在开展的"多规合一"、城乡体制改革等试点工作要求，分类总结指标内容初步框架。

　　第二步：筛选单项指标。在分类发展目标的引导下，以德清县"多规合一"工作要求为重点，制定指标筛选原则，重点研究德清县相关规划规划指标体系，通过内容分类，横向对比单项指标构成，同时以宏观政策指标为基础，以试点政策指标为补充，初步筛选不同内容分类下的各类单项指标。

　　指标体系的单项指标构成应该是精简的，在内容与深度的设定上，遵循"规划关联性"和"4+N"的比选思路。指标体系包括社会和经济发展规划、县域总体规划、土地利用总体规划、环境功能区划和试点要求等最核心的内容，不同类别的指标与对应规划的指标内容衔接，例如经济产业指标重点参考发展规划的指标体系，空间用地类的指标重点参考县域总体规划要求等。

通过指标内在逻辑联系的深入分析，以控制"底线指标"为原则，区分核心指标与关联指标，以核心指标为主要构成，删减部分关联指标，综合并精简后形成德清县"多规合一"指标内容体系初步筛选方案。

第三步：协调统一各部门意见，总结指标内容体系。以发改、建设、国土、环保四大部门为核心，会同交通、林业、农业等相关部门，对指标体系初步筛选方案进行讨论，逐一审核各项指标内容，评判是否满足"4+N"规划要求，是否有助于德清县城市发展目标实现，对有争议指标项深入分析研判，求同存异，统一意见。

同时，对各项指标项目的数值设定提供测算方法和来源依据，补充完善指标体系。通过归纳总结各部门意见，协调意见，统一内容，最后形成符合国家和试点政策要求，满足德清发展需求，突显"多规合一"特点的指标体系。

第四步：提出分区考核重点指标。根据德清县"多规合一"政策分区及各区发展特点，结合德清"城镇、农业、生态"三大空间的划定，提出基于"多规合一"指标内容体系的分区考核重点建议，以及对应的重点考核指标（表3.2）。

在宁夏空间规划（多规合一）工作中也采用了相似的方法，按照解析、筛选、协调、总结的研究流程确定了空间规划的指标体系。首先对宏观政策、上位规划、已有规划和地方政策进行梳理和解析，在此基础上根据目标导向性、通用性、代表性、数据可获取性、易于考核等六大原则进行筛选。然后组织各部门对初步筛选的指标体系进行讨论，并与指标对口管理部分进行进一步协调，最终形成空间规划指标体系。

北京市2035年城市总体规划编制时把握目标与指标的关系，建立了规划目标的传导机制。北京总规按照创新、协调、绿色、开放、共享五大发展理念，突出可持续发展，参考国际宜居城市评价指标体系，强调人口、水资源、生态、能源等底线约束，充分考虑北京实际情况，提出作为城市体检评估的"建设国际一流的和谐宜居之都评价指标体系"，共42项指标。此外，规划还设定了作为规划部门考核评价重点的"总体规划实施指标体系"以及文本中涉及的其他指标，这些指标加起来共117项（表3.3）。[1]

在规划目标的落实路径上，北京总规将城市发展目标的横向分解与纵向传递相结合，在横向分解上，北京总规主要选取在相关领域具有代表性和明确体现长期发展导向的指标。在纵向传递上，明确了以全市各区为责任主体的逐级落实机制，将人口、建设用地等核心指标管控任务分到各区，确保总体规划刚性要求通过指标传导得到有效落实。[2]

目标战略在空间和行动上的传导是目标战略实现的另一重要方面，也是"多规合一"统一空间管控和行动计划的重要指引。

1971年新加坡编制城市发展概念规划，此规划十分注重城市生活环境质

①王飞，石晓东等. 回答一个核心问题，把握十个关系——《北京市城市总体规划（2016—2035年）》转型探索［J］. 城市规划，2017-11.

②王飞，石晓东等. 回答一个核心问题，把握十个关系——《北京市城市总体规划（2016—2035年）》转型探索［J］. 城市规划，2017-11.

指标分区考核表　　　　　　　　　　　　　　　　　表 3.2

序号	类别	路径	指标	单位	分区考核指标 重点开发区	限制开发区	禁止开发区
1	创新发展	经济效益提高	地区生产总值（GDP）	亿元	●	○	—
2		城镇化水平提高	常住人口	万人	●	○	—
3			常住人口城镇化率	%	●	○	—
4			户籍人口城镇化率	%	●	●	—
5		产业结构优化	服务业增加值比重	%	●	—	—
6			轻重工业比例	%	●	—	—
7			承接战略性新兴产业和生活消费品制造产业投资额	亿元	●	—	—
8		产业创新驱动	研究与试验发展（R&D）经费支出占地区生产总值比重	%	●	—	—
9		对外开放程度扩大	外贸进出口总额	亿美元	●	—	—
10	协调共享	居民消费能力提高	城镇常住居民人均可支配收入	元	●	○	—
11			农村常住居民人均可支配收入	元	●	●	—
12		社会保障水平提高	主要劳动年龄人口平均受教育年限	年	●	○	—
13			脱贫人口	万人	●	●	—
14			城镇棚户区改造面积	万套	●	○	—
15			城镇新增就业人数	万人	●	○	—
16			基本养老参保人数	万人	●	○	—
17		综合交通运输体系构建	公路总里程/公路通车里程	公里	●	●	—
18			航空客运量/民航客运吞吐量	万人次/年	●	—	—
19		城乡基础设施一体化	每万人公交车拥有量	辆/万人	●	●	—
20	生态文明	自然生态保护	森林覆盖率	%	—	○	●
21			耕地保有量	万亩	○	●	○
22		资源利用高效	单位GDP综合能耗	吨标煤/万元	●	—	—
23			单位GDP用水量	立方米/万元	●	●	—
24			单位GDP建设用地	平方公里/亿元	●	—	—
25		环境污染控制	主要污染物排放（其中：化学需氧量、二氧化硫、氨氮和氮氧化物）	万吨	●	○	○
26			地级城市PM2.5浓度	微克/立方米		○	○
27	空间优化	国土空间结构优化	城乡建设用地规模	公顷	●	—	—
28			建设用地增长边界规模	公顷	●	—	—
29			生态用地占比	%	○	●	●
30			一级生态廊道占比	%	○	●	●
31			生态退耕面积	万公顷	—	●	●
32			基本农田保护面积	万亩	○	●	○

（表格来源：《德清县"多规合一"试点工作》）

北京市城市总体规划（2016—2035 年）指标体系　　　表 3.3

分项		指标	2015年	2020年	2035年
坚持创新发展，在提高发展质量和效益方面达到国际一流水平	1	全社会研究与试验发展经费支出占地区生产总值的比重（%）	6.01	稳定在6左右	
	2	基础研究经费占研究与试验发展经费比重（%）	13.8	15	18
	3	万人发明专利拥有量（件）	61.3	95	增加
	4	全社会劳动生产率（万元/人）	19.6	23	提高
坚持协调发展，在形成平衡发展结构方面达到国际一流水平	5	常住人口规模（万人）	2170.5	≤2300	2300
	6	城六区常住人口规模（万人）	1282.8	1085左右	≤1085
	7	居民收入弹性系数	1.01	居民收入增长与经济增长同步	
	8	实名注册志愿者与常住人口比值	0.152	0.183	0.21
	9	城乡建设用地规模（平方公里）	2921	2860左右	2760左右
	10	平原地区开发强度（%）	46	≤45	44
	11	城乡职住用地比例	1∶1.3	1∶1.5以上	1∶2以上
坚持绿色发展，在改善生态环境方面达到国际一流水平	12	细颗粒物（PM$_{2.5}$）年均浓度（微克/立方米）	80.6	56左右	大气环境质量得到根本改善
	13	基本农田保护面积（万亩）	—	150	—
	14	生态控制区面积占市域面积的比例（%）	—	73	75
	15	单位地区生产总值水耗降低（比2015年）（%）	—	15	>40
	16	单位地区生产总值能耗降低（比2015年）（%）	—	17	达到国家要求
	17	单位地区生产总值二氧化碳排放降低（比2015年）（%）	—	20.5	达到国家要求
	18	城乡污水处理率（%）	87.9（城镇）	95	>99
	19	重要江河湖泊水功能区水质达标率（%）	57	77	>95
	20	建成区人均公园绿地面积（平方米）	16	16.5	17
	21	建成区公园绿地500米服务半径覆盖率（%）	67.2	85	95
	22	森林覆盖率（%）	41.6	44	45
坚持开放发展，在实现合作共赢方面达到国际一流水平	23	入境旅游人数（万人次）	420	500	增加
	24	大型国际会议个数（个）	95	115	125
	25	国际展览个数（个）	173	200	250
	26	外资研发机构数量（个）	532	600	800
	27	引进海外高层次人才来京创新创业人数（人）	759	1300	增加

续表

分项		指标	2015年	2020年	2035年
坚持共享发展，在增进人民福祉方面达到国际一流水平	28	平均受教育年限（年）	12	12.5	13.5
	29	人均期望寿命（岁）	81.95	82.4	83.5
	30	千人医疗卫生机构床位数（张）	5.14	6.1	7左右
	31	千人养老机构床位数（张）	5.7	7	9.5
	32	人均公共文化服务设施建筑面积（平方米）	0.14	0.36	0.45
	33	人均公共体育用地面积（平方米）	0.63	0.65	0.7
	34	一刻钟社区服务圈覆盖率（%）	80（城市社区）	基本实现城市社区全覆盖	基本实现城乡社区全覆盖
	35	集中建设区道路网密度（公里/平方公里）	3.4	8（新建地区）	8
	36	轨道交通里程（公里）	631	1000左右	2500
	37	绿色出行比例（%）	70.7	>75	80
	38	人均水资源量（包括再生水量和南水北调等外调水量）（立方米）	176	185	220
	39	人均应急避难场所面积（平方米）	0.78	1.09	2.1
	40	社会安全指数 社会治安：十万人刑事案件判决生效犯罪率（人/10万人）	109.2	108.7	106.5
	41	交通安全：万车死亡率（人/万车）	2.38（2016年）	2.1	1.8
	42	重点食品安全检测抽检合格率（%）	98.42	98.5	99

（表格来源：《北京市城市总体规划（2016—2035年）》）

量的提升和市场竞争背景下社会公平塑造。在这两大规划理念的指导下，规划提出了花园城市和公共城市（公共住房与公共交通）两大目标。1991年的新加坡城市发展战略规划将"花园城市"提升为"城市花园"（图3.11、图3.12）。①

新加坡战略规划在确定城市发展合理目标的基础上，建立目标—政策—空间的传导机制，通过城市政策引导发展目标实现。

为实现公共城市的战略目标，规划从公共空间、公共住房政策、公共交通政策三大方面进行了传导落实。在空间上，规划以公共住房居住区组团作为城市基本单元，每个公共住房居住区组团大约6~8平方公里，15~20万居住人口，这些组团相对独立，配备足够的商业设施和社会设施。这些高密度的公共住房居住区组团形成交通走廊，支持便利的大容量公共交通（地铁）。在将战略目

① 朱介鸣，城市发展战略规划的发展机制——政府推动城市发展的新加坡经验［J］. 城市规划学刊，2012（4）.

图3.11 新加坡土地利用
图（图片来源：新加坡城市
发展战略规划）

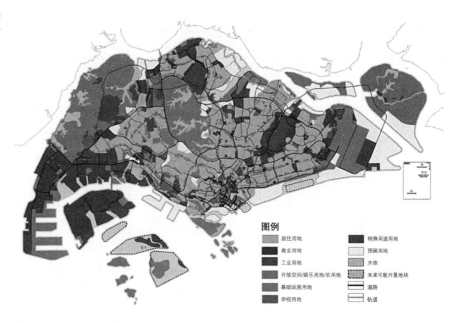

图3.12 新加坡绿地系统
图（图片来源：新加坡城市
发展战略规划）

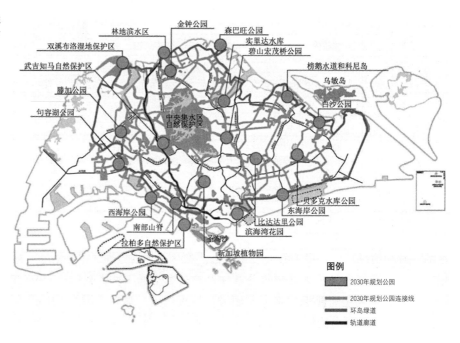

标空间化的同时，新加坡还制定了住房和交通政策，其82％的市民享受了公共住房政策提供的住房（总量达90万套单元）；公共交通政策的实施也使得公共交通达到平均每天461万人次（2008年数据），私人小汽车拥有率保持在9人/辆（2011年数据）（图3.13）。

为实现"花园城市"目标，新加坡在1991年概念规划中提出建设一个遍及全国的绿地和水体的串联网络，将24％（约177平方公里）的土地保留为绿

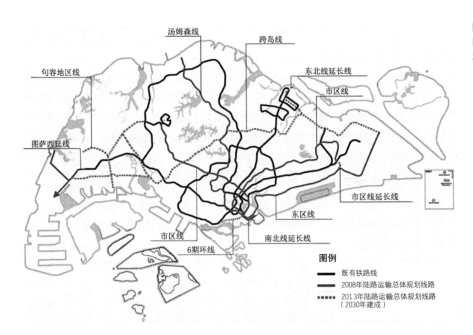

图3.13 新加坡轨道交通图（图片来源：新加坡城市发展战略规划）

地。2001年概念规划进一步提出了提高绿地空间可达性的目标，要求通过公园串联系统将公园、新镇中心、体育设施和公共邻里连接起来。

从新加坡的案例我们可以看到，建立战略目标与空间和政策的传导关系是保障目标落实的关键。

战略在空间上落实的另外一个重要案例是厦门的"多规合一"工作。前文已经提过，厦门市为统一发展目标方向，制定了《美丽厦门战略规划》。《美丽厦门战略规划》是对厦门城市发展路径全方位的描述，其编制过程是一个全面动员、共同缔造的过程。在规划中明确了两个百年的发展愿景和"大海湾、大山海、大花园"的城市发展战略。

战略目标已经明确，战略落实需要空间支撑和行动支持。在《美丽厦门战略规划》制定之后，厦门市通过"多规合一"工作，将目标战略与空间管控和项目生成机制联系起来，建立了目标战略—空间管控—实施行动的战略传导路径。

目标战略到空间管控的传导是通过控制线划定来实现的。厦门的"多规合一"的控制线体系分为结构控制线和用地控制线。其中，结构控制线是从构建城市发展理想空间结构角度出发而形成的控制线类型。结构控制线重在规划的引导和控制，主要是通过对不同类型的空间区域采取特有的空间管制来实现统一城市发展的目标，包括生态控制线、建设用地增长边界控制线。结构控制线的划定是落实美丽厦门理想空间结构的重要环节。①

结构控制线可以实现长远控制的特性，将成为引领"多规"未来编制方向的政策工具。结构控制线划定后，制定相应的管理规定，并通过立法手段付诸实施。在法定规划进行新一轮规划编制时，应按照结构控制线的引导方向进行

①潘安，吴超，朱江. 规模、边界与秩序——"三规合一"探索与实践 [M]. 北京：中国建筑工业出版社，2014.

空间布局、土地资源安排和建设项目选择和选址。因此，结构控制线的划定将引领未来空间布局的方向。

在结构控制线基础上，城市未来空间发展的各种规划和设想都可以叠加于此。在生态控制线基础上可以进一步深化形成林地保护、农田保护、湿地保护、河流水域保护等各种保护空间的发展设想；在建设用增长边界控制线基础上可以构建理想城市交通体系、公共服务体系、产业体系等建设空间的发展设想。最终这些规划或设想共同促进城市和谐发展。

规划的实施需要通过项目落实，《美丽厦门战略规划》在制定过程中提出了近期主要建设项目计划。厦门"多规合一"工作为保障项目的落实实施，在工作之初，对美丽厦门的建设项目进行逐一梳理，共整理出市级建设项目548项（计大项532项），其中工业项目14项，服务业项目28项，城市建设项目4项，社会事业项目180项，基础设施项目173项，土储项目149项目。②

②厦门市"多规合一"技术报告。

在项目整理基础上，对项目的用地情况进行摸查，并通过"多规合一"工作协调土地利用总体规划、城乡规划等进行相应的规划调整，保障了项目落地实施。

同步，厦门"多规合一"依托"多规合一"信息平台的建设，将美丽厦门战略规划的指导原则与建设项目选择之间的关系进行梳理，建立了项目优先机制和建设项目库，为远期符合战略规划的项目建设进行了制度设计，保障了战略规划的落实。

空间战略作为一个空间发展的谋划者，是"多规合一"工作的必要内容。战略研究解决共同守望的目标和行动策略，然后通过目标—战略—指标—空间—行动传导落实，保障目标的实现，形成空间规划的传导链条，共同促进城市的良性发展。

第四章　塑造美丽国土：统筹全域空间管控

空间是政府实施治理的载体，也是我们进行空间规划的基础，通过合理的规划引导形成安全和谐、可持续发展、富有竞争力的空间一直是各类空间规划的目标。但是以往"多龙治水"的空间规划与管理模式，导致了规划实际管理过程中的冲突与矛盾。通过国土空间规划的编制与实施，统筹全域空间管控，系统解决以往各类规划的空间管控问题，是塑造美丽国土空间，实现"多规合一"，推进空间治理现代的关键环节。

第一节　空间管控的冲突与矛盾

多部门空间管理并行的体制使得空间管理的职能分散在不同部门。如果各种空间管控之间有合理的空间管理事权划分，彼此之间密切配合、相互协调，那么空间管理将呈现良性管理模式。但是如果这种空间事权的划分趋于重叠、交叉，甚至矛盾，那么空间管理效率将会降低，严重一点的话，空间管控将会走向失效。

在2018年机构改革之前，我国的空间管理是一种分散、相互交叉的管理模式，受空间管理的各行政部门对空间管理的认知程度、管控目标和管理制度设计的影响，各部门在空间管控过程中表现出多种不同的空间管控模式。其中最为主要的是主体功能区规划、城市总体规划、土地利用总体规划和环境保护规划（表4.1）。

主体功能区规划是根据资源环境承载能力、现有开发密度和发展潜力等因素，以县为单元进行不同开发类型的政策分区，并通过制定人口转移、财政转移支付、产业政策等配套政策，引导这些政策分区实施的一种规划类型。

主体功能区确定的不同政策分区分为优化开发区、重点开发区、限制开发区和禁止开发区。从主体功能区规划分区内涵上，我们可以看到主体功能区规划主要立足于如何实现"合理开发"，其管控重点在于如何引导开发规模和规范开发秩序（表4.2）。

城市总体规划的空间管控主要通过"三区四线"（禁建区、限建区、适建区和蓝线、绿线、黄线、紫线）的空间管控机制来实现。城市总体规划中"三区四线"的空间管控机制的提出和实施是一个逐渐发展的过程（表4.3）。

为改变原城市总体规划建设规划的特征，优化空间资源配置、加强自然生态环境和不可再生资源保护、引导城乡建设活动的规划目标，①从2002年起，

①李枫，张勤，"三区""四线"的划定研究——以完善城乡规划体系和明晰管理事权为视角［J］. 规划师，2012（11）.

四种主要规划空间管控模式　　　　　　　　　　表 4.1

规划名称	管控分区	特点	历史发展
主体功能区规划	优化开发区 重点开发区 限制开发区 禁止开发区	主要立足于如何实现"合理开发"，其管控重点在于如何控制开发规模并规范开发秩序，以县级行政区域为单元进行划分，体现出政策分区的特点，以政策分区进行区域协调，并通过一系列的配套政策实现规范开发秩序、控制开发规模的目的，引导形成经济社会发展与人口、资源环境相协调的区域发展格局	2006年3月，国家"十一五"规划纲要批准实施，明确提出"将国土空间分为优化开发、重点开发、限制开发、禁止开发四类主体功能区"； 2007年7月，国务院发布《关于编制全国主体功能区规划的意见》，明确了主体功能区分为全国和省级两个层面，包括四类开发分区； 2010年12月印发的《全国主体功能区规划》，按开发方式将国土空间划分为优化开发区域、重点开发区域、限制开发区域和禁止开发区域
城乡总体规划	禁建区 限建区 适建区	管控方式结合城乡规划体系逐级细化，由管控规则逐步深化到管控范围、管理边界。省域城镇体系规划明确"三区"的基本类型和管制要求；在市县总体规划落实禁止建设区和限制建设区的管控范围，明确对各类建设活动的管理要求；在控制性详细规划划定禁止建设区和限制建设区的边界，明确规划控制条件和规划指标	2002年，原建设部发布《城市规划强制性内容暂行规定》，明确要求城市规划应划定建设控制区域； 2006年4月1号颁布施行的《城市规划编制办法》提出市域城镇体系规划纲要内容应包括"提出禁建区、限建区、适建区范围"，在中心区规划"划定禁建区、限建区、适建区和已建区，并制定空间管制措施"； 2008年1月1日起施行的《中华人民共和国城乡规划法》第十七条明文规定"城市总体规划、镇总体规划的内容应当包括：禁止、限制和适宜建设的地域范围等"； 2010年7月1日起实施的《省域城镇体系规划编制审批办法》提出省域城镇体系规划应"研究提出适宜建设区、限制建设区、禁止建设区的划定原则和划定依据，明确限制建设区、禁止建设区的基本类型"
土地利用总体规划	允许建设区 有条件建设区 限制建设区 禁止建设区	改变土地用途管制在引导土地利用布局方面严重受限的局面，通过实行建设用地空间管制制度，以是否允许建设以及允许建设的程度提出建设用地分区管制要求，实施坐标管理，并预留一定规划弹性（有条件建设区），以此控制城乡建设用地的增长，引导城乡建设用地的有序扩展	2008年11月，国土资源部在《全国土地利用总体规划纲要（2006—2020年）》首次提出实行建设用地空间管制制度； 2009年5月，国土资源厅发布《市县乡级土地利用总体规划编制指导意见》，明确了建设用地的空间管制要素及其划定要求、成果规定和管制规则等内容； 2010年6月，在市（地）级、县级、乡（镇）级土地利用总体规划编制规程中，明确提出划定四类建设用地管制区
环境保护规划	自然生态保留区 生态功能调节区 食物安全保障区 聚居发展引导区 资源开发维护区	环境功能区划以主体功能区规划等相关区划和规划为依据，从环境功能的内涵和环境功能综合评价结果出发提出区划方案。总体而言，环境空间管控手段较为分散，尚未形成统一的环境空间管控体系	传统的环境功能分区主要以水环境功能区划、大气环境功能区划、生态功能区划等单要素的专项环境功能区划； 2015年以后，《环境功能区划编制技术指南（试行）》提出综合性的环境功能分区方案； 2017年以后，逐步建立和完善的以"三线一单"为主的环境空间管控体系

（资料来源：关于编制全国主体功能区规划的意见、城市规划编制办法、市（地）级土地利用总体规划编制规程、环境功能区划编制技术指南）

主体功能区空间管控模式与手段　　　　　　　表 4.2

分区	划分依据	管控手段
禁止开发区	自然保护区域	通过财政政策和投资政策，增加用于公共服务和生态环境补偿的财政转移支付，支持公共服务设施建设和生态环境保护；通过土地政策，实行严格的土地用途管制，严禁生态用地改变用途；通过人口管理政策，引导人口逐步自愿平稳有序转移
限制开发区	资源环境承载能力较弱、集聚经济和人口条件不够好、关系到全国或较大区域范围生态安全的区域	通过产业政策，引导发展特色产业，限制不符合主体功能定位的产业扩张；通过财政政策和投资政策，增加用于公共服务和生态环境补偿的财政转移支付，支持公共服务设施建设和生态环境保护；通过土地政策，实行严格的土地用途管制，严禁生态用地改变用途；通过人口管理政策，引导人口逐步自愿平稳有序转移；在绩效评价和政绩考核方面，突出生态环境保护等的评价，弱化经济增长、工业化和城镇化水平的评价
重点开发区	资源环境承载能力较强、经济和人口集聚条件较好的区域	通过产业政策，引导重点开发区域加强产业配套能力建设；通过人口政策，鼓励有稳定就业和住所的外来人口在该区域定居落户；通过土地政策，在保证基本农田不减少的前提下适当扩大重点开发区域建设用地供给；在绩效评价和政绩考核方面，综合评价经济增长、质量效益、工业化和城镇化水平等
优先开发区	国土开发密度已经较高、资源环境承载能力开始减弱的区域	通过产业政策，引导优化开发区域转移占地多、消耗高的加工业和劳动密集型产业，提升产业结构层次；通过土地政策，实行更严格的建设用地增量控制，在保证基本农田不减少的前提下适当扩大重点开发区域建设用地供给；在绩效评价和政绩考核方面，强化经济结构、资源消耗、自主创新等的评价，弱化经济增长的评价；通过人口政策，鼓励有稳定就业和住所的外来人口在该区域定居落户

（资料来源：关于编制全国主体功能区规划的意见）

城市规划空间管控模式与特征　　　　　　　表 4.3

分区类型	内涵	对应空间用地类型	管控要求
禁建区	范围依法确定、区内严格禁止城镇建设及与限建要素无关的建设行为的地区	水域、水源保护区（一级）、自然保护区、基本农田保护区、风景名胜区、地质灾害危险区、森林公园、湿地公园、其他禁建区	包括河流、湖泊、水库，禁止破坏水域的建设活动。禁止新建，扩建与供水设施和保护水源无关的建设项目等。基本农田保护区经依法划定后，任何单位和个人不得改变或者占用；禁止任何单位和个人在基本农田保护区内建窑，建房等
限建区	限制建设区是范围依法或由城乡规划确定、区内原则上禁止城镇建设的地区	山体、森林、旅游度假区、重要生态防护绿地、地质灾害不利区、一般农田、蓄滞洪区、发展备用地	限制大型城镇建设项目，加强自然生态环境维护，允许设置一定得林业设施，旅游设施等，但控制其建设开发强度等
适建区	在城乡规划确定的空间增长边界或规划建设用地内、城镇建设应依照城乡规划进行的地区。建设用地总量必须严格执行土地利用规划要求，贯彻保护耕地国策	城镇建设用地、村庄建设用地、重大基础设施走廊	将城镇建设限制在规划的建设用地范围内开展。积极引导农村居民点建设在规划的集中建设的村庄布局。预控发展空间，禁止其他建设占用

（资料来源：城市规划编制办法）

城乡规划管理部门就进行了一系列的探索。从2002年的《城市规划强制性内容暂行规定》，到2006年的《城市规划编制办法》，再到2008年的《中华人民共和国城乡规划法》，城乡规划部门逐步建立和完善了城市总体规划层面的空间管控机制。

土地利用总体规划的空间管控机制是"三界四区"（城乡建设用地规模边界、城乡建设用地扩展边界、禁止建设用地边界和边界围合的允许建设区、有条件建设区、限制建设区和禁止建设区四类分区）（表4.4）。

"三界四区"的提出是继1988年、1996年编制第一轮、第二轮土地利用总体规划后，在"十分珍惜和合理利用每寸土地，切实保护耕地"的基本国策指导下，2005年开展第三轮土地利用总体规划编制工作时，顺应空间管制发展趋势逐步形成的。"三界四区"的空间管控模式改变过去单纯依靠土地用途管理模式，通过加强对城乡建设用地的空间管制，强化土地用途管制和土地宏观调控，使最严格的耕地保护制度和最严格的节约用地制度能真正落到实处。

土地利用总体空间管控模式与特征　　　　　　　　　　表 4.4

分区类型	内涵	划分依据	管控要求
禁止建设区	禁止建设用地边界所包含的空间范围，是具有重要资源、生态、环境和历史文化价值，必须禁止各类建设开发的区域	包括自然保护区核心区、森林公园、地质公园、列入省级以上保护名录的野生动植物自然栖息地、水源保护区的核心区、主要河湖的蓄滞洪区、地质灾害高危险地区等	区内土地的主导用途为生态与环境保护空间，严格禁止与主导功能不相符的各项建设；除去法律另有规定外，规划期内禁止建设用地边界不得调整
限制建设区	辖区范围内除允许建设区、限制建设区、禁止建设区外的其他区域	包括县、乡级土地利用总体规划中规划期内要拆迁复垦的现状建设用地，以及其他三区之外的土地	区内土地主导用途为农业生产空间，是开展土地整理复垦和基本农田建设的主要区域；区内禁止城、镇、村建设，严格控制线型基础设施和独立建设项目用地
有条件建设区	城乡建设用地规模边界之外、扩展边界以内的范围。在不突破规划建设用地规模控制指标前提下，区内土地可以用于规划建设用地区的布局调整	在建设用地规模边界外，按照保护资源和环境、有利于节约集约用地的要求划定，比让优质耕地和重要的生态环境用地	区内土地符合规定的，可依程序办理建设用地审批手续，同时相应核减允许建设用地区用地规模；规划期内建设用地扩展边界原则上不得调整，如需调整按规划修改处理，严格论证，报规划审批机关批准
允许建设区	城乡建设用地规模边界所含的范围，是规划期内新增城镇、工矿、村庄建设用地规划选址的区域	在建设用地规模边界外，按照保护资源和环境、有利于节约集约用地的要求划定，比让优质耕地和重要的生态环境用地	区内土地主导用途为城、镇、村或工矿建设发展空间，具体土地利用安排应与依法批准的相关规划相协调。区内新增城乡建设用地受规划指标和年度计划指标约束，应统筹增量与存量用地，促进土地节约集约利用。规划实施过程中，在允许建设区面积不改变的前提下，其空间布局形态可依程序进行调整，但不得突破建设用地扩展边界。允许建设区边界（规模边界）的调整，须报规划审批机关同级国土资源管理部门审查批准

（资料来源：市（地）级土地利用总体规划编制规程）

环境功能区划是环境保护空间管制的重要抓手。环境功能区划主要依据社会经济发展需要和不同地区在环境结构、环境状态和使用功能上的差异，对区域进行的合理划分，以便具体研究各环境单元的环境承载力及环境质量的现状与发展变化趋势，提出不同功能环境单元的环境目标和环境管理对策。

2015年《环境功能区划编制技术指南（试行）》提出将国土空间划分为五种环境功能类型区：从保障自然生态安全角度出发划分出自然生态保留区和生态功能调节区；从维护人群环境健康方面角度出发划分出食物安全保障区、聚居发展维护区和资源开发引导区（表4.5）。

2012年以来环境保护部门逐步推进环境保护总体规划试点工作，除了将环境功能分区作为环境空间管控的重要方式外，还建立生态保护红线、环境质量底线、资源利用上线和环境准入负面清单"三线一单"的管控体系。

环境功能分区空间管控模式与特征 表4.5

分区类型	内涵	划分依据
自然生态保留区	指服务于保障区域自然本底状态，维护珍稀物种的自然繁衍，保留可持续发展的环境空间区域	依据法律法规，划出自然文化资源保护区；划出尚未受到大规模人类活动干扰，资源储备不具备开发价值，应受到保护以保留其自然状态的区域
生态功能调节区	指生态系统十分重要，服务于保障生态调节功能稳定发挥，保障区域生态安全的区域	依据《主体功能区规划》列入限制开发的重点生态功能区确定
食物安全保障区	指服务于保障粮食、畜牧、水产等农副产品主要产地环境安全的区域	依据农业部门划定的主要农业、牧业、沿海养殖捕捞地区确定
聚居发展引导区	指服务于保障人口密度较高、城市化水平较高地区的饮水安全、空气清洁等居住环境健康的区域	依据《主体功能区规划》划定的重点开发区和优化开发区
资源开发维护区	指服务于能源、矿产资源开发的环境维护，保障周边区域的环境安全的区域	依据国土部门确定的能源矿产资源重点开发地区

（表格来源：环境功能区划编制技术指南）

上述各类规划的空间管控各有侧重，本应发挥优势，形成合力，共同构建形成统一有序的国土空间开发保护制度，但实际上却存在很大问题，具体表现在以下几个方面：

第一，管控空间雷同，管控界限不清。上述不同的空间管控模式存在着内涵、特征上的差异，管控交叉重叠、界限不清、操作困难。如主体功能区规划的禁止开发区是指依法设立的各类自然保护区，其边界最为确定；土地利用总体规划中的禁止建设区是指禁止建设区所包含的空间范围，是具有重要资源、生态、环境和历史文化价值，依法必须禁止各类建设开发的区域，包括自然保护区核心区、水源保护区的核心区等。而城市总体规划中的禁建区只做了原则规定，并未通过具体法规确定下来。环境功能分区中生态功能调节区与主体功能区的限制开发区一致，但自然生态保留区又依评价而定。不同管控分区依然有模糊的重叠界限，虽然名称相似，但无法一一对应起来。

第二，管控手段差异，管控效果不一。主体功能区规划的分区管控手段则涉及财政、人口、土地、投资、环境、金融、政策、绩效评价等多个领域范畴，由于能运用综合性配套政策作为保障，应该更能落到实处，但由于相关政策涉及不同部门，执行中因为种种因素制约，导致空间管制的效果大打折扣。土地利用总体规划主要通过建设用地空间管制与土地用途管制进行管理，但受建设项目落地的牵制，在资源保护利用上也存在着不得力的情况。城市总体规划则立足城市整体和长远发展要求，提出不同类型的开发建设和保护要求，通过空间准入政策规范建设行为，更为强调建设用地优化布局，相对缺乏对非建设用地的积极保护与利用。

第三，管理范畴差异，统筹协调困难。主体功能区划主要针对宏观空间范畴，一般在全国和省级以上两个层面进行安排，由于其配套政策及考核政策基本以行政单元为框架，基本以其县级行政边界作为区划单元，没有明确的空间落地边界，空间约束效力无法体现[①]。城市总体规划和土地利用总体规划主要针对城市及其周边区域，分区管制分别覆盖规划区范围和行政管理单元。由于各自的管理范畴不同，以及大多局限于行政单元进行分区管理，对资源宏观层面的统筹管理不利，容易造成不同行政单元交接的区域管理困难等问题。

①王晓，张璇等，"多规合一"的空间管制分区体系构建 [J]. 中国环境管理，2016（3）.

这些空间管控方面的问题，大大削弱了各空间规划空间管控效力，造成了生态用地、农保用地被蚕食，城镇空间蔓延、过度开发等问题。统一空间管控已成为空间治理化的必然选择。

第二节　基于底线思维的空间管控探索

建立统一的空间管控体系，是协调各部门空间管控差异、解决空间管理矛盾、形成有序空间开发保护格局的重要抓手和有效途径，在从"三规合一"到"多规合一"的规划协调、规划融合和空间规划体系构建工作中，空间管控体系的构建不断进行着优化和完善。

广州、厦门等地方探索为主的"三规合一"工作对空间管控体系进行了大量有益探索。

广州市"三规合一"工作开始时，针对各类空间性规划用地分类不同、跨专业难沟通、公众难理解专业用地性质管理要求等问题，从易理解、易识别、跨专业的角度，基于底线思维提出了"四线管控"体系。

"四线管控"体系中的四条控制线包括建设用地规模控制线、建设增长边界控制线、产业区块控制线和生态控制线。其中，建设用地规模控制线是按照土地利用总体规划确定的建设用地规模指标，在合理布局城乡建设的基础上形成的一条控制线；建设增长边界控制线是在规模控制线基础上，为保障城市功能和优化城市形态，针对发展的不确定性，按照一定弹性比例划定的一条控制线；产业区块控制线是保障实体经济发展，规范工业、仓储布局划定的一条控制线；生态控制线是为保护生态安全底线和生态网络格局，协调生态保护与城乡建设关系划定的一条控制线。

广州市"三规合一"通过"四线管控"体系的构建，搭建了跨专业沟通桥梁，落实了底线管控意图，协调了保护与发展的关系，统一了规划空间管控要求（图4.1、图4.2）。

2014年厦门市开展的"多规合一"工作是为落实"美丽厦门战略规划"，推进城市治理体系和治理能力现代化而开展的。厦门"多规合一"工作为配合落实空间发展战略、形成用地边界共识双重目标，探索创新了结构控制线和用地控制线相结合的空间管控体系。

结构控制线重在落实空间发展战略，引导形成空间布局结构，包括生态控制线、建设用地增长边界控制线，生态用地的管控边界为生态控制线、建设用地的管控边界为建设用地增长边界控制线，是从构建城市发展理想空间结构形成的控制线类型[①]。

用地控制线重在面向规划实施，协调形成用地边界的共识，保障"三规"在土地利用布局的一致性，包括基本生态控制线、基本农田控制线、生态林地控制线、建设用地规模控制线（图4.3～图4.5）。

2014年8月，四部委联合推进市县"多规合一"试点。在试点工作过程中，28个试点城市虽然是按照国土、住建、发改/环保三套工作方案分头开展工作的，但是在统一空间管控、划定空间管控控制线方面的想法是一致的。这些试点城市在研究广州、厦门通过划定统一的控制线达成空间管控共识经验做法基础上，结合本地实际情况，探索了适合本地特色的空间管控方式。

榆林市是国土部指导下的"多规合一"试点城市。该市在开展"多规合一"工作时，为推进土地优化利用，解决未利用地、林地、草地交叉重叠和建设用地指标不足等突出问题，在国土空间格局基础上推进"一张图工程"，重在通过"一张图"控制线方案实现各项规划的统筹协调，保障多个规划在土地

①潘安，吴超，朱江. 规模、边界与秩序——"三规合一"的探索与实践［M］. 北京：中国建筑工业出版社，2014年10月.

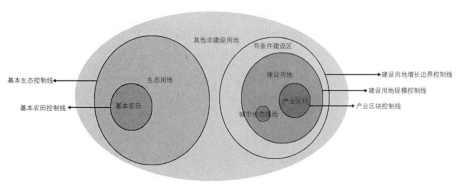

图4.1 广州市"三规合一"控制线管控体系（图片来源：《广州市"三规合一"、"一张图"规划》）

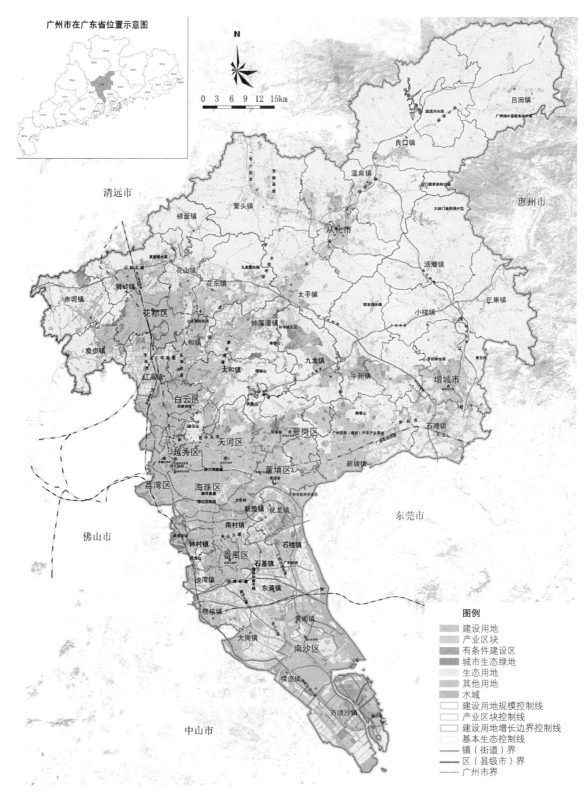

图4.2 广州市"三规合一"控制线规划图（图片来源：《广州市"三规合一"、"一张图"规划》）

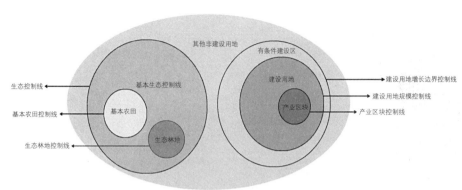

图4.3 厦门市"多规合一"控制线管控体系（图片来源：《厦门市"多规合一"技术报告》）

图4.4 厦门市"多规合一"结构控制线规划图（图片来源：《厦门市"多规合一"技术报告》）

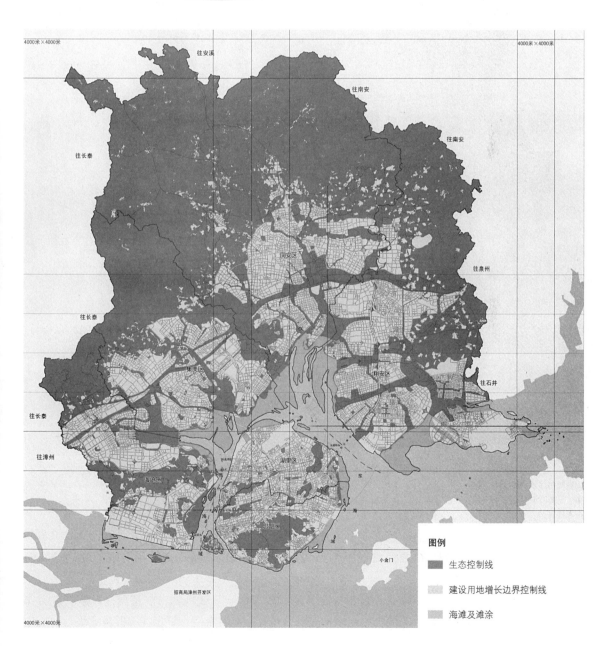

图例

生态控制线

建设用地增长边界控制线

海滩及滩涂

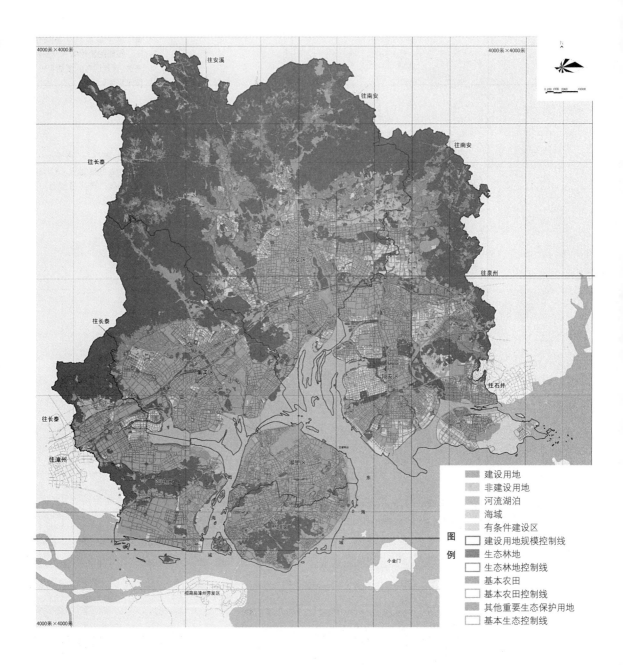

图例
- 建设用地
- 非建设用地
- 河流湖泊
- 海域
- 有条件建设区
- □ 建设用地规模控制线
- 生态林地
- □ 生态林地控制线
- 基本农田
- □ 基本农田控制线
- 其他重要生态保护用地
- □ 基本生态控制线

图4.5 厦门市"多规合一"用地控制线规划图（图片来源：《厦门市"多规合一"技术报告》）

利用空间布局上的一致性，并面向管理与实施，划定包括生态保护红线、永久基本农田保护红线、城镇开发边界在内的"一张图"方案。

　　榆林空间管控体系的最大特点是，将开发边界划分为城镇开发边界、产业开发边界和采矿开发边界三种类型，体现了榆林市地域面积大、城镇布局分散、资源型城市采矿用地多、产业园区以资源开发利用为主的特点（图4.6、图4.7）。

　　德清县是住建部指导下的"多规合一"试点城市。该县在开展试点工作时，立足本地自然生态本底情况和城乡发展特征，提出了"四类三级"的规划

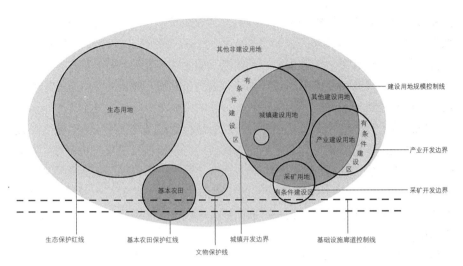

图4.6 榆林市"多规合一"控制线管控体系（图片来源：《榆林市"多规合一"试点"一张图"工作》）

图4.7 榆林市"多规合一"控制线规划图（图片来源：《榆林市"多规合一"试点"一张图"工作》）

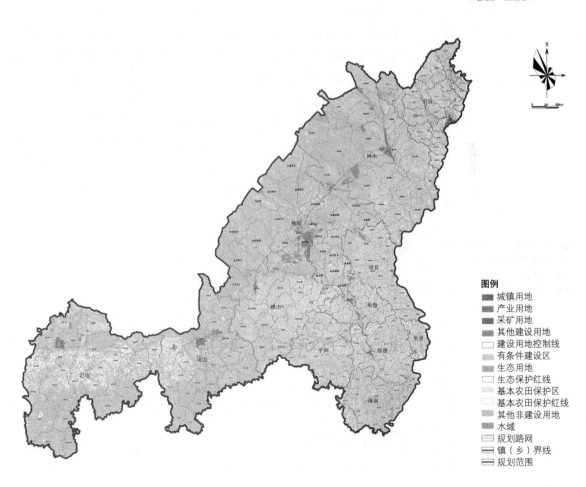

控制线体系。其中，四类是指生态控制线、永久基本农田控制线、建设用地规模控制线和城乡建设用地开发边界控制线。三级是指生态控制线的分级划定，包括一级生态控制线、二级生态控制线和三级生态控制线。在"四类三级"控制线体系中，最有特色的是生态控制线分级划定和城乡建设用地开发边界控制线中村庄开发边界的划定。

德清县生态控制线三级管控中，一级生态控制线可与当时正在开展的土地利用总体规划调整完善工作划定的生态红线对应衔接；二级生态控制线可与环保部门组织开展的生态保护红线划定工作对应衔接；一级和二级生态控制线划定与生态红线划定工作衔接，重点保护了生态功能敏感区域。为保障生态系统完整性，德清县还划定了三级生态控制线，将线性生态空间（生态廊道等）划入其中，形成点线面结合的网络化的生态格局；另外，考虑到德清莫干山地区乡村旅游和洋家乐（一种民宿形式）开发建设虽然在国内外享有较高知名度，但是近些年也出现了无序建设、品质下降、破坏生态环境的现象，为引导洋家乐等乡村旅游项目的高质量开发，三级生态控制线还包括了与乡村旅游有关的一般生态区域，旨在通过生态控制线划定引导和约束德清乡村旅游开发建设活动。

村庄开发边界是德清"多规合一"工作时提出的一种创新性空间管控方式。为统筹村庄发展建设，德清县在开展"多规合一"工作之前做了村庄布点规划、村庄发展研究、村庄规划等大量的工作，但是由于缺乏一个统筹"多规"的空间政策手段，导致这些工作只能停留在研究层面，无法落地实施。德清县在开展"多规合一"工作时，针对这些问题，通过"一村一梳理"工作（本书第六章有详细介绍）摸清乡村土地现状情况，研究乡村发展诉求，打破以往重城轻乡、从乡村要土地规模的做法，在守住耕地和基本农田底线基础上，为乡村发展留白，划定弹性发展区域，形成村庄开发边界，并配套提出点状供地、集体建设用地盘活等政策，保障空间管控意图的实施（图4.8、图4.9、表4.6）。

图4.8 德清县"多规合一"控制线管控体系（图片来源：《德清县"多规合一"试点工作》）

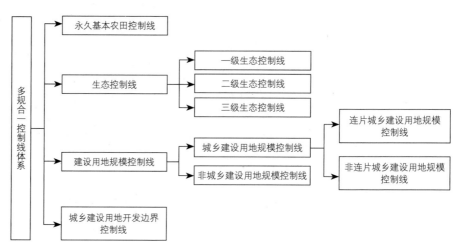

各级生态控制线与各规划内容的对应关系　　　　表4.6

生态控制线名称	土地利用总体规划	环境功能区划
一级生态控制线	生态保护红线	自然生态红线区核心保护区边界
二级生态控制线	—	自然生态红线区的资源保护区和高度敏感区边界
三级生态控制线	—	生态功能保障区中的水源涵养区、湿地生态保育区、生物多样性保护区和其他区域边界，不含2030年城乡建设用地开发边界和铁路、高快速路、国道、省道等重大基础设施用地

（表格来源：《德清县"多规合一"试点工作》）

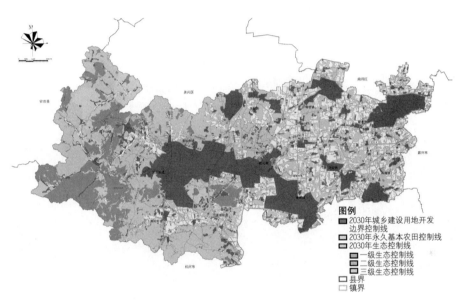

图4.9 德清县"多规合一"控制线规划图（图片来源：《德清县"多规合一"试点工作》）

　　临湘市作为环境保护部的试点，在分析生态环境保护内容融入"多规合一"中的问题与难点基础上，从环境保护角度对空间管控方法进行了有益探索。试点工作首先以资源环境承载能力评价为基础划定"三区三线"；然后综合考虑对资源环境承载能力评价单元具有重要影响的主导因子以及相关政策、规划等，通过选取不同类型环境功能区的主导因素，在城镇、农业、生态主体功能分区的基础上，按照环境功能分区管控要求划定生产引导区、生活环境维护区、生态功能核心区、生态功能缓冲区及农产品环境安全保障区五大分区，并根据不同分区制定环境目标和总体管控措施。[1]

　　临湘"多规合一"试点以环境功能分区划定及管控为抓手，通过加强对市域空间环境目标管理及建设行为管控，实行分区环境管控和考核制度，完善功能区建设项目的"负面清单管理模式"等多种方式，对"多规合一"中生态环境管控方法进行了有益探索（图4.10、表4.7）。

①朱江，谢南雄，杨恒."多规合一"中生态环境管控的探索与实践——以湖南临湘市"多规合一"工作为例[J].环境保护，2016（8）.

图4.10 临湘市环境功能
分区图（图片来源：《临湘
市"多规合一"总体规划》）

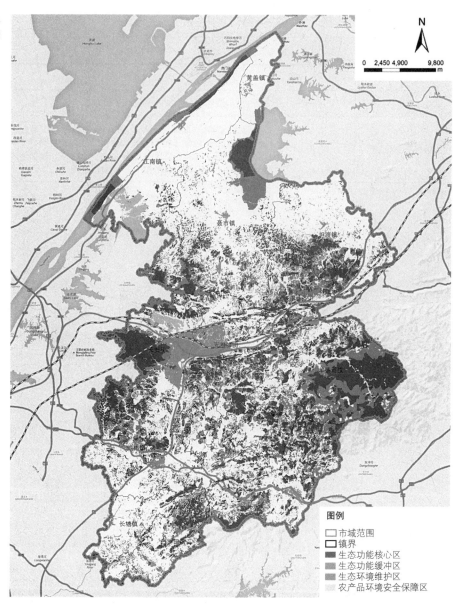

临湘市环境功能分区表 表4.7

分区类型	内涵
禁止建设区	禁止建设用地边界所包含的空间范围，是具有重要资源、生态、环境和历史文化价值，必须禁止各类建设开发的区域
限制建设区	辖区范围内除允许建设区、限制建设区、禁止建设区外的其他区域
有条件建设区	城乡建设用地规模边界之外、扩展边界以内的范围。在不突破规划建设用地规模控制指标前提下，区内土地可以用于规划建设用地区的布局调整
允许建设区	城乡建设用地规模边界所含的范围，是规划期内新增城镇、工矿、村庄建设用地规划选址的区域

（表格来源：根据《临湘市"多规合一"总体规划》整理）

从"三规合一"到"多规合一"的地方探索、国家试点探索，各地方结合实践形成了不同形式的空间管控方案，主要分成三种情况：第一种是构建"控制线"单一层次的管控体系，只划控制线，进行开发空间与保护空间的差别化管控，主要是地方探索阶段的方法模式；第二种是"分区+控制线"的双层次管控体系，大部分试点按照"三区三线"模式进行构建，部分试点市县增加了环境功能分区、特色要素控制线，如榆林、临湘；第三种是"分区+控制线+功能区块"的三层次管控体系，增加划定功能区划、功能单元等，以此加强政策引导和绩效考核，如桓台的管控单元、南溪的功能区块。

虽然地方探索的空间管控的形式、名称不尽相同，但是通过深入分析，我们发现底线思维是贯穿于各地空间管控探索过程中的核心词。"多规合一"要协同空间管理的各个领域、各个方面，面临的管理内容多样而复杂，规划的矛盾千差万别，如何在复杂的现象中找到统一空间管控的钥匙，大家经过试点，达成的共识是底线思维下边界管控。从底线思维和底线管理的角度，守住了空间发展的共同底线，就可以从根本上保证"多规"核心管控要素的一致性。"多规合一"的控制底线可以划分为政策底线、功能底线等。政策底线是上级政府需要严控的边界，包括生态保护红线、永久基本农田和城镇开发边界，以及文化保护底线等。功能底线是本级政府为保障国土空间格局优化和功能完整而划定的底线，包括产业区块边界、基本公共服务设施边界、基础设施空间廊道控制线等。[1]

①朱江，邓木林，潘安."三规合一"：探索空间规划的秩序和调控合力[J].城市规划，2015（1）.

在各市县"多规合一"试点工作对统一空间管控思路达成底线共识基础上，各地也探索了统一空间管控的技术方法，包括评价行政区域范围内的经济社会发展水平和条件、资源环境限制性与适宜性、空间发展特征与趋势的方法；以优化空间格局为指引，以主要空间功能特征为依据，划定生态保护红线、永久基本农田、城镇开发边界等管控底线的方法；以及分区管制规则等。这些技术方法的探索，为从"多规合一"迈向国土空间规划奠定了良好的技术基础（表4.8）。

部分市县试点空间管控体系[2] 表4.8

②根据何冬华.空间规划体系中的宏观治理与地方发展的对话[J].规划师，2017（2）整理.

指导部委	试点市县	空间规划体系		空间管控体系
		规划体系	总体规划名称	
国家发展与改革委员会、环境保护部指导	开化	"1+N"体系	"1"为发展总体规划	三类空间、六类分区管控体系
	句容	"1+3"体系		"三区三线"管控体系
	贺州	"1+3+X"体系		"三区三线"管控体系
国土资源部指导	南溪	"1+N"体系，	"1"为国土空间综合规划	"控制线+功能区块"两级空间管控体系
	桓台	"1+4"体系		"三线"+控制单元规划"双层次"规划体系
	南海	"1+3+N"体系		四类控制线管控体系

续表

指导部委	试点市县	空间规划体系		空间管控体系
		规划体系	总体规划名称	
住房和城乡建设部指导	德清	"1+N"体系	"1"为城乡总体规划	"四类三级"管控体系
	大理	"1+4"体系	"1"为"多规合一"	"四区九线"管控体系
四部委综合指导	嘉兴	"1+4+N"体系	"1"为空间发展与保护总体规划	"三区四线"管控体系

在试点市县探索市县空间管控方法的基础上，省级层面空间规划试点也在积极探索省域空间管控方法。

海南省"多规合一"工作重点从生态保护和开发建设两个层面入手，探索空间管控的方法。海南省以生态文明建设为宗旨，在制定"生态绿心、生态廊道、生态岸段和生态海域"的全省生态空间结构的基础上，划定一级生态功能区、二级生态功能区和近岸海域生态保护功能区，在其中明确禁止性生态红线和限制性生态红线的具体边界，并明确耕地、永久基本农田、林地、湿地等"资源利用底线"的控制边界和指标，以此作为统领全省生态保护、林地保护、耕地保护和海洋保护等的相关空间资源约束类规划的总纲领[1]，并分市县提出控制要求。

开发布局则在提出"一环、两极、多点"总体开发结构基础上，将全省分为城镇功能区、旅游度假功能区、产业园功能区、重大基础设施功能区、乡村功能区等五个主导功能区，并通过与市县的多轮沟通协作，最终形成省市县共识的城乡开发边界（图4.11）。

宁夏回族自治区空间规划（多规合一）试点工作，按照试点工作方案要求构建了三区三线（生态空间、农业空间、城镇空间、生态保护红线、永久基本农田保护红线、城镇开发边界）及六类管控空间（生态保护红线区、一般生态区、永久基本农田保护红线区、一般农业区、城镇开发建设区、城镇开发建设预留区）的空间管控体系。在具体划定空间管控边界过程中特别重视资源环境承载能力和国土空间开发适宜性（简称"双评价"）工作和上下互动工作。最终以主体功能区规划为基础，依据双评价结果，通过自治区和市县的"四下四上"联动工作，划定了"三区三线"，为宁夏构建生态安全格局、优化国土空间开发、有效落实国土空间管控、大力提升国土空间治理能力和效率提供了坚实基础（图4.12、图4.13）。

宁夏在空间规划试点过程中也探索了省—市两级规划在空间管控方面事权划分问题。宁夏制定了《宁夏回族自治区空间规划编制技术指南》，明确了省级空间规划是落实传导国家和区域发展战略的重要载体，应充分体现国家意志，牢牢把生态安全、粮食安全、资源安全放在优先位置，落实国家赋予的大

①胡耀文，尹强，《海南省空间规划的探索与实践——以〈海南省总体规划（2015—2030）为例〉》，城市规划学刊，2016年第3期.

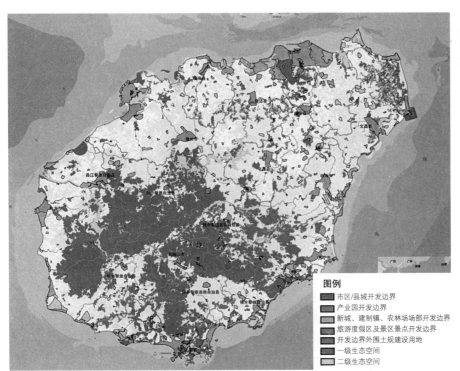

图4.11 海南省开发空间分布图（图片来源：《海南省总体规划（空间类2015—2030）》）

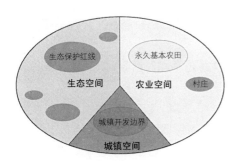

图4.12 宁夏回族自治区空间规划管控模式图（图片来源：根据《宁夏回族自治区空间规划（2016—2035年）》绘制）

图4.13 宁夏回族自治区空间规划"三区三线"图（图片来源：《宁夏回族自治区空间规划（2016—2035年）》）

江大河大湖、重要生态功能区和生态敏感区、重要粮棉油主产区、重要能源资源的保护职责，重点在保护要素的空间管控，市县在落实保护底线基础上，针对地区发展特点形成开发底线，最终通过省和市县、各部门上下联动、横向互动、共同推进的工作机制，共同划定生态保护红线、永久基本农田、城镇开发边界。

在海南、宁夏试点探索基础上，2017年《省级空间规划试点方案》明确提出了"以主体功能区规划为基础，科学划定城镇、农业、生态空间及生态保护红线、永久基本农田、城镇开发边界"的要求，统一的国土空间管控要求逐渐明确。

在"多规合一"试点工作推动的过程中，2035年的城市总体规划编制工作也开始启动起来，2017年在十九大前后北京市和上海市的2035年城市总体规划先后获批，在城市总体规划中如何构建统一有效的空间管控体系也是规划重点探索和解决的关键问题。

2017年9月批复的《北京市城市总体规划（2016—2035年）》中划定了生态控制线和城市开发边界（两线），将约16410平方公里的市域空间划分为生态控制区、集中建设区和限制建设区（三区），并同步研究管理办法、配套实施政策等，实现"两线三区"的全域空间管制。并提出在规划实施过程中，随着城市的发展，限制建设区内部分空间将通过集体建设用地减量还绿、规划生态廊道建设，一部分归为生态控制区，一部分归为集中建设区，通过"两线合一，三区并二"最终实现"一线两区"的空间管制[1]（图4.14、图4.15）。

2017年12月批复的《上海城市总体规划（2017—2035）》中建立了"多规合一"的基本框架，构建"三大空间，四条红线"为核心的管控体系[2]。"三大空间"是城镇空间、农业空间和生态空间，涵盖生产、生活、生态的城乡空间基本功能；"四条控制线"是生态保护红线、永久基本农田保护红线、城市开发边界和文化保护控制线，"新四线"空间管控体系的目标是推进"三大空间"在各个空间层次落地。

《上海城市总体规划（2017—2035）》中还对生态空间、文化保护控制线等管控内容进行了详细划分。

生态空间分四类进行差异化管控，一类生态空间包括崇明东滩鸟类国家级自然保护区、九段沙湿地国家级自然保护区的核心范围，总面积626平方公里，均为长江口及近海海域面积；二类生态空间包括国家级自然保护区非核心范围、市级自然保护区、饮用水水源一级保护区、森林公园核心区、地质公园核心区、山体和重要湿地，总面积601平方公里；三类生态空间包括永久基本农田、林地、湖泊河道、野生动物栖息地等生态保护区域，以及饮用水水源二级保护区、近郊绿环、生态间隔带、生态走廊等生态修复区域，总面积不小于4134平方公里；四类生态空间是城市开发边界内结构性

①董珂，张菁.城市总体规划的改革目标与路径［J］.城市规划学刊，2018（1）.

②熊健，范宇等.从"两规合一"到"多规合一"——上海城乡空间治理方式改革与创新［J］.城市规划，2017（8）.

图4.14 北京城市总体规划空间管控模式图（图片来源：《北京市城市总体规划（2016—2035年）》）

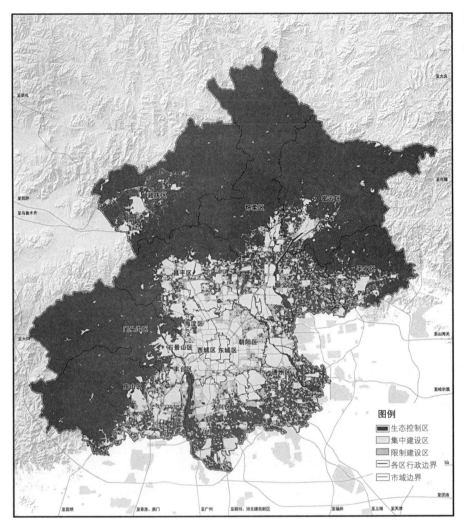

图4.15　北京市"两线三区"划定方案（图片来源：《北京市城市总体规划（2016—2035年）》）

生态空间，包括外环绿带、城市公园绿地、水系、楔形绿地等，面积不小于104平方公里。其中，一类生态空间和二类生态空间为全市生态保护红线范围（图4.16）。

　　文化保护控制线在历史文化遗产保护控制线基础上，从保护文化战略资源、提升城市软实力的角度出发，新增自然（文化）景观保护控制线、公共文化服务设施保护控制线[①]，其内涵更为丰富，特别是将城市中公共文化体育设施较为集聚、对城市文化发展具有重要作用的区域及战略留白区都划入文化保护控制线。

　　北京和上海的空间管控体系及其实施管理表明，在线控的基础上应有管制分区的支撑，这样能将空间管控覆盖全域；其次，"线"与"区"的对应关系应简洁明了，如北京是以"线"作为"区"的边界，如生态保护红线内即为生态红线区、城市开发边界内即为集中建设区，空间关系简单明确；上海的生态保护红线也是和一、二级生态空间相对应，城市开发边界和城镇空间相对应。

①孙继伟，熊健等.科学编制"上海2040"，发挥总规引领作用[J].城市规划，2017（8）.

图4.16 上海市生态空间／生态保护红线划定方案（图片来源：《上海市城市总体规划（2017—2035年）》）

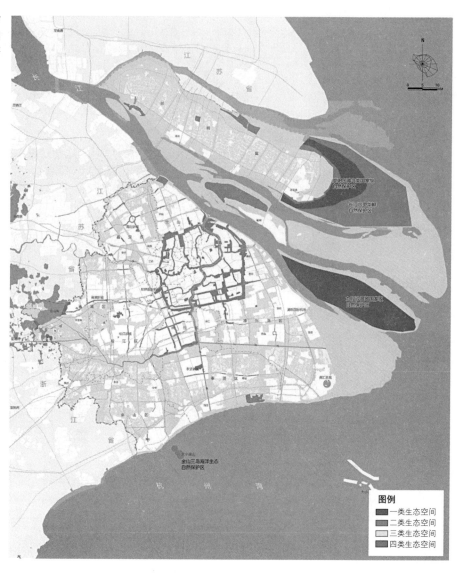

图例
■ 一类生态空间
■ 二类生态空间
□ 三类生态空间
■ 四类生态空间

①林坚，陈诗弘等．空间规划的博弈分析［J］．城市规划学刊，2015（1）．

②朱江，邓木林等．"三规合一"：探索空间规划的秩序和调控合理［J］．城市规划，2015（1）．

③潘安，吴超，朱江．规模、边界与秩序—"三规合一"的探索与实践［M］．北京：中国建筑工业出版社，2014年10月．

在地方探索和试点工作的同时，关于"多规合一"语境下的空间管控研究也成为学术界研究的热点。有的学者（林坚，2015）提出空间规划主要管控要素归于限制性要素、控制性要素、发展性要素三大类，优化其重要性排序①。有的学者（朱江，2015）认为按照不同规划的管控要求，"三规合一"的控制底线可以划分为政策底线、发展控制底线、生态底线、环境底线、服务底线等。②还有的学者（潘安，2014）认为"三规合一"统一的边界应主要包括规模边界的统一、增长边界的统一、生态边界的统一和功能边界的统一。③设定城市发展、保护和管理的底线，重点解决大是大非问题。

从以上的实践和理论研究中，我们可以看到，基于底线思维，合理确定空间管控边界是实施有序空间管理、实现"多规合一"的关键环节。

第三节　国土空间规划三线统筹划定

生态保护红线、永久基本农田、城镇开发边界（以下简称"三线"）这三条控制线的划定与管控是目前我国实施国土空间开发保护工作最为重要的三条底线。十九大报告提出了"完成生态保护红线、永久基本农田、城镇开发边界三条控制线划定工作"的要求，习近平总书记在2019年的全国两会内蒙古座谈会上也进一步提出了"要坚持底线思维，以国土空间规划为依据，把城镇、农业、生态空间和生态保护红线、永久基本农田保护红线、城镇开发边界作为调整经济结构、规划产业发展、推进城镇化不可逾越的红线"的相关要求。"三线"划定与管控已成为落实习近平生态文明思想，实现"多规合一"，推进高质量发展的基础。

在2018年机构改革前，"三线"的划定工作分别属于环境保护部、国土资源部、住房和城乡建设部等不同的部门，这些部门已经对"三线"分别划定的方法进行了有益探索和实践。

生态保护红线是我国生态环境保护的重要制度创新，目的是建立最为严格的生态保护制度，对生态功能保障、环境质量安全和自然资源利用等方面提出更高的监管要求，从而促进人口资源环境相均衡、经济社会生态效益相统一。"生态保护红线"是继"18亿亩耕地红线"后，另一条被提到国家层面的"生命线"。

2012年3月，原环境保护部组织召开研讨会议，首次对生态保护红线的概念、内涵、划定技术与方法进行了深入研讨和交流。2014年1月，原环境保护部印发《国家生态保护红线——生态功能基线划定技术指南（试行）》（环发〔2014〕10号），成为中国首个生态保护红线划定的纲领性技术指导文件。2015年5月，原环境保护部印发《生态保护红线划定技术指南》（环发〔2015〕56号），指导全国生态保护红线划定工作。2017年7月，原环境保护部办公厅、发展改革委办公厅联合印发《生态保护红线划定指南》（环办生态〔2017〕48号）（图4.17）。

依据《生态保护红线划定指南》，生态保护红线的划定对象包括自然保护区、森林公园生态保育区、饮用水水源地一级保护区等禁止开发区域，经科学评估的重要生态功能区和生态环境敏感区域，国家一级生态公益林、重要湿地等其他各类保护地。

生态保护红线的划定是一个自上而下、上下结合的过程。省级环保部门按照定量与定性相结合的原则，通过科学评估，识别生态保护的重点类型和重要区域，形成全省生态保护红线划定初步方案。市、县以省级生态保护红线划定初步方案为基础开展深化与协调工作。

现有的生态保护红线划定技术路线存在以下问题，一是对禁止开发区的区划核定工作缺乏明确的指引，由于不少列入禁止开发区名录的保护地保护范围不完善，区划的核定是一项重要工作；二是缺乏与基本农田等底线的衔接，各

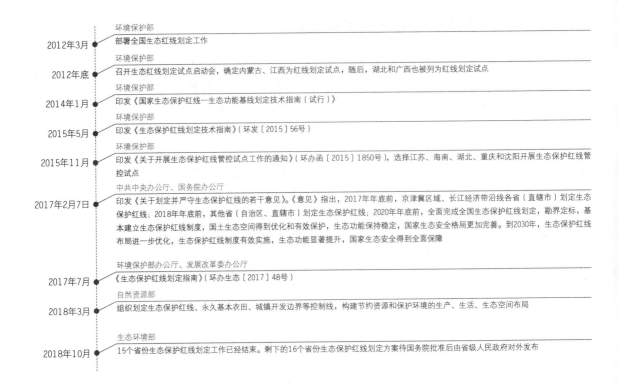

2012年3月	环境保护部	部署全国生态红线划定工作
2012年底	环境保护部	召开生态红线划定试点启动会，确定内蒙古、江西为红线划定试点，随后，湖北和广西也被列为红线划定试点
2014年1月	环境保护部	印发《国家生态保护红线—生态功能基线划定技术指南（试行）》
2015年5月	环境保护部	印发《生态保护红线划定技术指南》（环发〔2015〕56号）
2015年11月	环境保护部	印发《关于开展生态保护红线管控试点工作的通知》（环办函〔2015〕1850号），选择江苏、海南、湖北、重庆和沈阳开展生态保护红线管控试点
2017年2月7日	中共中央办公厅、国务院办公厅	印发《关于划定并严守生态保护红线的若干意见》。《意见》指出，2017年年底前，京津冀区域、长江经济带沿线各省（直辖市）划定生态保护红线；2018年年底前，其他省（自治区、直辖市）划定生态保护红线；2020年年底前，全面完成全国生态保护红线划定，勘界定标，基本建立生态保护红线制度，国土空间得到优化和有效保护，生态功能保持稳定，国家生态安全格局更加完善。到2030年，生态保护红线布局进一步优化，生态保护红线制度有效实施，生态功能显著提升，国家生态安全得到全面保障
2017年7月	环境保护部办公厅、发展改革委办公厅	《生态保护红线划定指南》（环办生态〔2017〕48号）
2018年3月	自然资源部	组织划定生态保护红线、永久基本农田、城镇开发边界等控制线，构建节约资源和保护环境的生产、生活、生态空间布局
2018年10月	生态环境部	15个省份生态保护红线划定工作已经结束。剩下的16个省份生态保护红线划定方案待国务院批准后由省级人民政府对外发布

图4.17 生态保护红线保护历史演进（图片来源：根据相关资料自绘）

地划定结果与基本农田冲突的现象较多；三是缺少保护与开发的统筹考虑，对于地矿资源、重大的市政交通基础设施考虑较少。

广州市生态保护红线工作，在落实环境保护部生态保护红线划定要求基础上，针对禁止开发区域管控边界不清、评估区管控精度不足、保护与开发矛盾等问题，重点开展了四项深入的协调工作。一是禁止开发区边界核定，核定国家级和省级禁止开发区域清单和边界范围，整理禁止开发区证明材料，需要优化的启动调整；二是评估区要素边界校核，边界进行精确调整、核定，统一采用遥感影像结合土地利用现状数据；三是加强重点区块、重要规划、重点项目的衔接，主要包括地矿资源、基本农田、市政基础设施、城镇建设等9类；四是增补其他重要资源保护地边界，涵盖其他具有重要生态功能或生态敏感、脆弱的区域，如水产种质资源保护地。通过以上四项具体的梳理工作，探索了生态保护红线的划定技术流程（图4.18）。

基本农田制度是我国针对耕地保护的一项特殊保护制度，包括基本农田保护规划制度、基本农田保护区制度、占用基本农田审批制度、基本农田占补平衡制度、禁止破坏和闲置，荒芜基本农田制度、基本农田保护责任制度、基本农田监督检查制度、基本农田地力建设和环境保护制度等内容。

为进一步加强基本农田的保护，2008年中共十七届三中全会在《关于推进农村改革发展若干重大问题的决定》中提出了"坚持最严格的耕地保护制度，层层落实责任，坚决守住十八亿亩耕地红线。划定永久基本农田，建立保护补偿机制，确保基本农田总量不减少、用途不改变、质量有提高"的要求，永久

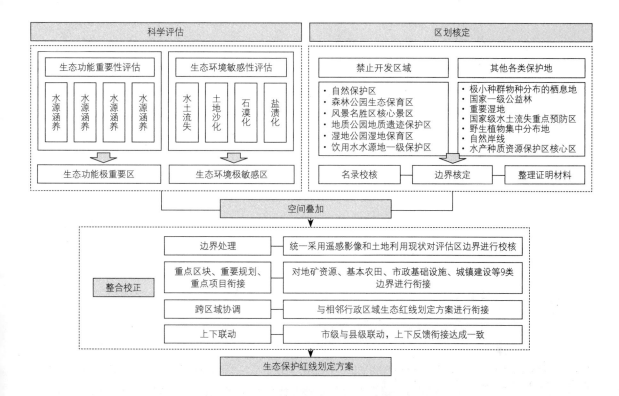

图4.18　生态保护红线划定技术路线（图片来源：根据相关资料自绘）

基本农田概念被首次提出。根据其内涵，永久基本农田既不是在原有基本农田中挑选的一定比例的优质基本农田，也不是永远不能占用的基本农田，加上"永久"两字，主要体现党中央、国务院对耕地特别是基本农田的高度重视，体现的是严格保护的态度。

永久基本农田概念提出后，2014年10月，原国土资源部与农业部联合《关于进一步做好永久基本农田划定工作的通知》（国土资发〔2014〕128号），推进永久基本农田划定工作。要求永久基本农田保护"红线"划定先从500万以上人口特大城市、省会城市、计划单列市开始，要与城市开发边界和生态保护红线划定等工作协同开展，与经济社会发展规划、土地利用总体规划、城乡规划等多规合一工作相衔接。2015年4月，两部研究提出106个重点城市周边永久基本农田划定任务。

2016年8月，原国土资源部、农业部再次联合发布《关于全面划定永久基本农田实行特殊保护的通知》，对全面完成永久基本农田划定工作加强特殊保护作出部署，将全国15.46亿亩基本农田保护任务落实到图斑地块，与农村土地承包经营权确权登记颁证工作相结合，实现上图入库、落地到户，确保划足、划优、划实，实现定量、定质、定位、定责保护，划准、管住、建好、守牢永久基本农田。

2018年2月，原国土资源部印发《关于全面实行永久基本农田特殊保护的通知》，以守住永久基本农田控制线为目标，以建立健全"划、建、管、补、护"长效机制为重点，巩固永久基本农田划定成果，完善保护措施，提高监管

2008年	中共十七届三中全会提出此概念，"永久基本农田"即无论什么情况下都不能改变其用途，不得以任何方式挪作它用的基本农田
2014年10月	国土资源部、农业部 发布《关于进一步做好永久基本农田划定工作的通知》，要求在已有划定永久基本农田工作的基础上，将城镇周边、交通沿线现有易被占用的优质耕地优先划为永久基本农田
2015年5月	国土资源部、农业部 要求106个重点城市周边将划定永久基本农田
2016年8月	国土资源部、农业部 发布《关于全面划定永久基本农田实行特殊保护的通知》，对全面完成永久基本农田划定工作加强特殊保护，作出部署
2018年2月	国土资源部 印发《关于全面实行永久基本农田特殊保护的通知》。以守住永久基本农田控制线为目标，以建立健全"划、建、管、补、护"长效机制为重点，巩固永久基本农田划定成果，完善保护措施，提高监管水平，确保到2020年，全国永久基本农田保护面积不少于15.46亿亩，基本形成保护有力、建设有效、管理有序的永久基本农田特殊保护格局
2018年3月	自然资源部 组织划定生态保护红线、永久基本农田、城镇开发边界等控制线，构建节约资源和保护环境的生产、生活、生态空间布局

图4.19 永久基本农田保护历史演进（图片来源：根据相关资料自绘）

水平，确保到2020年，全国永久基本农田保护面积不少于15.46亿亩，基本形成保护有力、建设有效、管理有序的永久基本农田特殊保护格局（图4.19）。

永久基本农田的划定是在以往基本农田划定基础上的深化过程。为体现永久基本农田对城镇发展的刚性约束作用，原国土资源部在划定永久基本农田过程中，根据耕地分布和质量等级情况，重点提出城市周边永久基本农田划定要求。具体的划定技术路线先由部的技术单位通过内业工作进行划定潜力识别，形成城市周边未划入基本农田耕地数据库，作为补划为永久基本农田的潜力库，下发给国务院审批土地利用总体规划的106个城市。各城市根据收到的城市周边未划入基本农田耕地数据库，对数据库中列举的耕地图斑根据实地情况和审批情况进行核实举证，判断能否划入永久基本农田。如果数据库中列举的耕地图斑属于实际地类为非耕地、批而未建用地、严重污染难以治理的耕地和生态退耕等几种情况，可以不划为永久基本农田，其他均需划入永久基本农田。在划定106个城市周边永久基本农田基础上，各省国土资源厅也参照此方法组织其他县市划定了全域的永久基本农田（图4.20）。

当前永久基本农田的划定工作，重点是在城市周边区域，结合现状耕地分布及质量等级情况，在原有基本农田基础上进行了补充划定。根据实际情况来看，永久基本农田划定的技术路线仍然存在一些问题：补充划定的永久基本农田未与功能适宜性评价进行结合、也未与城市空间发展战略进行衔接，除举证出现的几种情况外，其他现状耕地无论是否符合农业生产功能适宜性、无论与未来城市发展布局是否有冲突一律划入永久基本农田，导致补划的永久基本农田布局破碎、质量不高，甚至与国家、省重大工程冲突。

城镇开发边界类同于国际通用的城市增长边界（Urban Growth Boundary，

简称"UGB"），是城市增长管理最有效的手段和方法之一（表4.9）。

我国城市开发边界的政策引入，始于2006年原建设部颁布的《城市规划编制办法》，该办法首次提出"研究中心城区空间增长边界"，2008年经国务院批准的《全国土地利用总体规划纲要》要求"实施城乡建设用地扩展边界控制"，后续围绕城市开发边界、城市增长边界、城乡建设用地扩展边界等的实践和理论探讨非常丰富。

2013年中央城镇化工作会议明确要求"尽快把每个城市特别是特大城市开发边界划定"，并在《国家新型城镇化规划（2014—2020年）》《生态文明体制改革总体方案》和中央城市工作会议等一系列重要文件和会议中进一步强调，科学划定城市开发边界，限制城市无序蔓延和低效扩张，推动城市发展由外延扩张式向内涵提升式转变。2014年7月，住房和城乡建设部、国土资源部共同选择了北京、上海、广州、沈阳、南京、苏州、杭州等14个试点城市，探索城市开发边界划定工作（图4.21）。

在国家提出划定特大城市开发边界以后，有些省市制定了城市开发边界划定工作办法或划定技术导则，指导开发边界划定工作，同步也对城市开发边界的内涵进行定义。各地对城市开发边界内涵主要界定为是否许可进行城市用地开发，重点围绕中心城区及周边的园区开发区和下辖城镇的建设用地进行研究确定。

如《四川省城市开发边界划定导则（试行）》定义"是指根据地形地貌、自然生态、环境容量和基本农田等因素划定的、可进行城市开发建设和禁止进行城市开发建设的区域之间的空间界线，即允许城市建设用地拓展的最大边界"。[1]

《陕西省城市开发边界划定工作办法（试行）》定义"是指在城市规划区范围内划定可进行城市开发建设与不可进行城市开发建设的界线，包括中心城

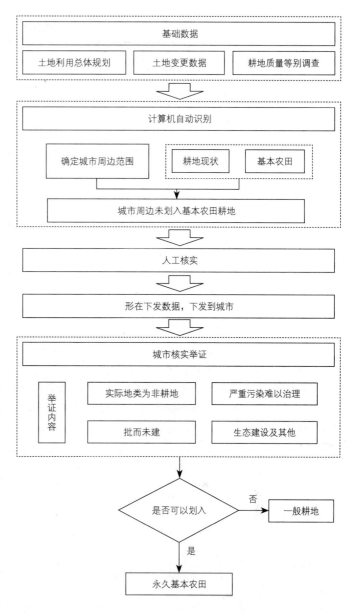

图4.20 永久基本农田划定技术路线（图片来源：根据相关资料自绘）

[1] 四川省省住建厅，《城市开发边界划定导则（试行）》。

城市增长边界定义与内涵　　　　表4.9

时间	学者或组织	定义或内涵
1976	塞勒姆市政府	城市土地和农村土地之间的分界线
1991	Sybert Richard	在城市外围划定的一条遏制其城市空间无限制进行扩张的线
1998	Duany Plater	大都市区域是应该具有地理界限的有限空间。这些地理界限的来源是地形、农田、分水岭、河流、海岸线和区域公园……发展不应使城市的边界变得模糊或者是消失
2000	Kolakowaskik Machemer	在城市周围划定的一条抑制市区空间无限增长的边界线，边界之外的土地，应一直保持低密度的状态，与城市范围内的高密度城市建设形成了鲜明的对比，是一条明确区分城市和农村的分界线
2004	BengstonDavid, Fletcher Jennifer and Nelson Kristen	被政府所采用并在地图上标示，以区分城市化地区与周边生态开敞空间的重要界限

（表格来源：根据相关资料整理）

区规划建设用地，以及中心城区周边与中心城区连绵发展的各类园区、开发区及下辖城镇的规划建设用地"。

两个文件也分别对城市开发边界划定的技术思路、流程等进行了规定，指导下辖各城市开发边界划定工作（表4.10）。

不同管理部门各自采用相对独立的技术路线进行生态保护红线、永久基本农田和城镇开发边界的划定，由于历史划定基础、法律法规约束等的原因，不

图4.21　城镇开发边界历史演进（图片来源：根据相关资料自绘）

2006年3月　原建设部
颁布《城市规划编制办法》，该办法首次提出"研究中心城区空间增长边界"

2008年　国务院
批准《全国土地利用总体规划纲要》要求"实施城乡建设用地扩展边界控制"，后续专家学者们围绕城市开发边界、城市增长边界、城乡建设用地扩展边界等的实践和理论展开了十分丰富的探讨

2013年12月　中央城镇化工作会议
明确要求"尽快把每个城市特别是特大城市开发边界划定"

2014年2月　国土资源部
下发了《关于强化管控落实最严格耕地保护制度的通知》，其中重点提出了"严控建设占用耕地，划定城市开发边界，控制城市建设用地规模，逐步减少新增建设用地计划指标"的要求

2014年7月　住房和城乡建设部、国土资源部
共同选择了北京、上海、广州、沈阳、南京、苏州、杭州等14个试点城市，探索城市开发边界划定工作

2015年12月　中央城市工作会议
要坚持集约发展，树立"精明增长"、"紧凑城市"理念，科学划定城市开发边界，推动城市发展由外延扩张式向内涵提升式转变

2017　住房和城乡建设部
关于总规编制试点的指导意见要求"划定城市开发边界，明确城市开发边界内外城乡统筹、村镇发展和线性工程的规划要求"

城市开发边界划定技术思路对照　　　　表4.10

四川省城市开发边界划定思路	陕西省城市开发边界划定思路
◆全面收集城市及相邻区域的地形地貌、生态环境、历史文化、自然灾害和基本农田分布等相关资料 ◆充分考虑生态红线、永久基本农田和自然灾害影响范围等限制条件，按照国家规范的要求完成生态评价和建设用地适宜性评估报告 ◆根据评估结论，以道路、河流、山脉或行政区划分界线等清晰可辨的地物为参照，选择其中集中成片或成组的建设用地，结合土地利用总体规划，确定城市开发边界的范围和面积 ◆根据开发边界和当地资源环境承载力，以建设宜居城市为基本目标，综合确定城市人口终极规模和相应的用地规模，根据终极规模对城市开发边界进行评估修正 ◆特定情况下，城市开发边界可按下列方式划定：空间上邻近但不宜连片发展的城市，开发边界应避免重合，以预留生态隔离区域；建设用地已经基本连片、上位规划明确为一体化发展的城市，可统一划定城市开发边界；多中心、组团式发展的城市，城市开发边界可以为相互分离的多个闭合范围	◆分析城市用地现状，评价城市用地条件。明确城市适宜性开发建设空间和具有重要生态功能、重大环境风险、重要资源等不适宜用作城市开发建设的区域，确定不能开发建设的空间以及适宜开发建设区域的优先次序 ◆预测城市规模，研究城市用地需求，并依据城市的区域关系、交通条件、产业布局、用地条件等多个因素确定用地结构和布局形态 ◆辨识并确定生态安全控制区界线、文物古迹保护区界线、永久性基本农田保护区界线等刚性边界，明确各类要重点保护和限制开发的要素。建设用地紧邻上述区域的城市，开发边界应以其界线为界 ◆在对比分析"两规"建设用地控制范围基础上，协调"两规"用地图斑调整，初步确定城市开发边界。当城市建设用地规模突破土地利用总体规划所确定的用地规模，或城市建设用地规模没有突破土地利用总体规划所确定的用地规模，但"两规"用地空间范围存在差异时，应以有利于城市发展和建设布局为原则，不突破土地利用总体规划确定的建设用地指标，以城市总体规划为基础，划定城市开发边界 ◆征求相关部门意见，进一步校核论证，确定城市开发边界

（表格来源：根据相关资料整理）

免出现"三线"之间的交叉和重叠，尤其是生态保护红线和永久基本农田之间的矛盾，如自然保护区本身是生态保护红线的核心区域，但全国自然保护区内现存有大量耕地，耕地的大部分被划入永久农田。

十九大提出要求划定生态保护红线、永久基本农田和城镇开发边界三条控制线，中央已明确由自然资源部进行"三线"的统筹划定工作。为进一步落实好统一用途管制的职能，自然资源部要求"三线"以双评价为基础，在国土空间规划中进行统筹划定；"三线"原则上不交叉重叠，布局冲突时，按生态优先、保护优先进行协调；"三线"划定后既严格管理，又要兼顾刚性与弹性。

"三线"统筹划定应该遵循"生态优先，绿色发展；协调衔接，把握规律；划管结合，逐级落实"的原则，按照"功能评价—分类划定—统筹协调—分区施策"的技术路线开展相关工作（图4.22）。

"功能评价"是指，"三线"统筹划定工作应率先开展生态、农业生产和城镇开发等的功能适宜性评价工作，以资源环境承载能力和国土空间适宜性为依据，以主体功能区为导向，统筹安排生态保护、农业生产和城镇建设等不同类型国土空间布局，以承载能力和功能适宜为支撑进行三条控制线的统筹划定。

"分类划定"是指按照功能评价结果，分类划定生态保护红线、永久基本农田和城镇开发边界。

图4.22 "三线"统筹划定
技术路线（图片来源：自
绘）

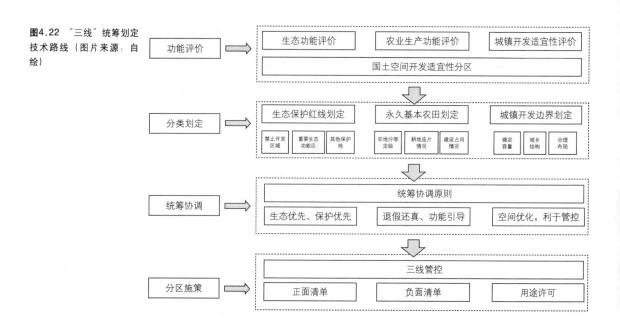

其中，结合生态功能适宜评价结果，优先划定生态保护红线，包括禁止开发区域，主要是国家公园、自然保护区、森林公园的生态保育区和核心景观区、风景名胜区的核心景区、地质公园的地质遗迹保护区、世界自然遗产的核心区和缓冲区、湿地公园的湿地保育区和恢复重建区、饮用水水源地的一级保护区、水产种质资源保护区的核心区，以及经科学评估的重要生态功能区、生态环境敏感区和其他各类保护地。

在农业功能适宜性评价基础上，充分衔接第三次国土调查工作，在已划定永久基本农田和耕地现状基础上，按照质量有提升、布局更优化的要求划定永久基本农田，对涉及地类不符、质量不符、布局不符的基本农田进行调出，结合耕地质量等级和连片布局情况进行基本农田补划，实现永久基本农田数量、质量、生态三位一体保护。

结合城镇开发适宜性评价结果，按照规模刚性、布局弹性、集中集约、形态规整的要求划定城镇开发边界。规模刚性是指要与下达的城镇建设用地规模衔接，应不超过适宜城镇开发建设区域；布局弹性是指在边界内结合国土空间格局优化、布局调整，划定有条件建设区域；集中集约是指应促进城镇紧凑布局、集约发展，城镇开发边界内的规划建设用地应占全市建设用地的绝对比例；形态规整是指城镇开发边界的地物关系应清晰、形态规整有序。

"统筹协调"是指按照"生态优先，保护优先；退假还真，功能引导；空间优化，利于管控"的原则对三条控制线的划定结果进行统筹协调。

对于大多数城市而言，生态保护红线和永久基本农田的划定一般要优先于城镇开发边界，城镇开发边界的划定若与生态保护红线、永久基本农田冲突，应按照"生态优先，保护优先"的原则调整城镇开发边界。由于国家战略需要，城镇开发边界与永久基本农田划定冲突，永久基本农田确实避无可避的，或者城镇开发边界内现存的永久基本农田存在碎片化的、质量较差现象时，应按照数量有增加、质量有提高、生态有改善、布局更集中的要求，在城镇开发边界进行补划，实现永久基本农田的布局优化。

生态保护红线和永久基本农田有冲突的，应按照功能适宜性的原则，强化功能引导，有效甄别农业功能适宜性分区的生态保护红线，实事求是确定其归属；应科学合理优化基本农田，生态功能适宜性分区的永久基本农田要退假还真，逐步实行退耕还林、还草、还水。

"分区施策"是指根据三条控制线形成的不同空间，实施差别化的管理政策。以城镇开发边界为界限，开发边界内外实行差别化管理。城镇开发边界内建议采用"规划许可+指标调控"的方式引导城镇建设向城镇开发边界内建设。城镇建设用地规模指标和年度计划指标应80%～90%优先安排在城镇开发边界内，同时统筹增量用地与存量开发，强化规划指标和计划指标的协调配置；城镇开发边界内的建设项目必须符合规划管控要求，申请规划许可。

城镇开发边界外实行正负面清单管理。建议生态保护红线和永久基本农田范围采用正面清单管理；其他空间（包括一般生态区和农业农村空间）采用负面清单管理和规划管理。

生态保护红线、永久基本农田、城镇开发边界三条控制线既是国土空间保护利用的底线，又是统一实施国土空间用途管制和实现"多规合一"的基础，也是推进生态文明建设、促进高质量发展的重要举措。"三线"由多个部门分头划定走向由一个部门统筹划定，能有效解决"三线"交叉矛盾等问题，促进实现统一的国土空间用途管制；更能够兼顾保护与发展，推进落实习近平生态文明思想，促进实现绿色发展、科学发展。

第五章 融入和谐自然：
统一国土空间用途管制

国土空间用途管制是土地用途管制的扩展，在全域国土空间实施全要素统一的用途管制是实现"多规合一"、推进空间治理体系现代化的重要内容。2018年机构改革前，受部门空间管理事权分割的影响，我国各类要素的用途管制权限分属于原国土、林草、住建、海洋等多个部门，由于管控规则彼此缺乏衔接，造成了全域国土空间用途管制的冲突。设立自然资源统一管理部门，编制实施各级国土空间规划，明确全域各要素规划用途，对山水林田湖草海等各类自然资源实施统一用途管制，是解决多规冲突，落实十九大提出统一行使所有国土空间用途管制要求的重要环节。

第一节 用途管制制度的演变

用途管制始于19世纪末的德国和美国，目前在世界范围已被广泛使用。但用途管制的统一概念和名称尚未形成[1]，美国、日本、加拿大等国一般采用土地使用分区管制的模式；瑞典、中国台湾地区等则表达为土地使用管制；中国香港地区、韩国、法国、英国等采用建设开发许可制的方式。

这些不同用途管制方式的目的一致，但是管理的侧重点存在一定差异。土地使用分区管制强调的是全域空间功能的分区管控，是通过将管制范围内的土地，依据使用目的与需要的不同，划定为各种不同的使用分区（如住宅区、商业区、工业区等）[2]，再制定管控规则而实施用途管理的方式。

例如1916年，纽约市政府制定土地区划，将城市划分为工业区、商业区、居住区，通过土地利用分区实现土地用途管制；日本将全国土地分为都市区域、农业区域、森林区域、自然公园区域和自然保护区域[3]，其土地用途管制制度也就包括农地管制制度、城市土地利用规划制度、林地保护制度和空闲土地管制制度四大部分。

土地使用管制与土地用途管制类似，如我国的台湾地区在实施土地使用管制制度过程中，将全域空间分为都市土地使用管制和非都市土地使用管制两大类，都市土地使用管制也是通过都市土地使用分区来实现的，即将都市土地划分为各种使用分区，再对每种分区规定不同使用管制事项、性质及建筑强度，并通过建筑管制与工商管理，使其达到都市整体目标。

建设开发许可制也是用途管制的一种形式。建设开发许可制强调对土地所

①林坚. 土地用途管制：从"二维"迈向"四维"——来自国际经验的启示 [J]. 中国土地，2014（03）：22-24.

②卢为民. 城市土地用途管制制度的演变特征与趋势 [J]. 城市发展研究，2015，22（06）：83-88.

③潘科，陆冠尧. 国外与我国台湾地区土地用途管制度问题启示 [J]. 国土资源科技管理，2005（03）：97-101.

有权人或土地开发者的土地使用和开发行为的管制。如英国的开发许可制，明确土木工程、采矿或对土地、建筑物有重大改变行为，都必须向地方规划机关申请开发许可。

与国外相比，我国用途管制制度起步较晚。为保护耕地资源，1997年国家下发《关于进一步加强土地管理切实保护耕地的通知》，首次提出"用途管制"的概念，并通过《中华人民共和国土地管理法》将土地用途管制制度上升为基本制度。

土地用途管制制度是我国实施最严格土地管理的一项核心内容，它不是单指某项具体的土地管理制度，而是对一整套严格管控土地用途的制度和措施办法的总称[①]，主要包括土地利用总体规划制度、土地利用年度计划制度、基本农田保护制度、耕地占补平衡制度、农用地转用审批制度、用地预审制度、征地审批制度等。

土地利用总体规划是实行土地用途管制的依据，通过规划划定土地用途区域，确定土地使用限制条件，使土地的所有者、使用者严格按照国家确定的用途利用土地。

土地利用年度计划是用途转用的重要依据。1999年，原国土资源部为加强土地管理和调控，严格实施土地用途管制，切实保护耕地，合理控制建设用地总量，发布了《土地利用年度计划管理办法》。土地利用年度计划是计划年度内建设项目立项审查和用地审批、农用地转用审批、土地开发和土地管理的依据。通过对计划年度内新增建设用地量、土地开发整理补充耕地量和耕地保有量的具体安排，可以保障国家土地调控目标有效实现和土地利用总体规划实施（表5.1）。

①孟祥舟，林家彬. 对完善我国土地用途管制制度的思考［J］. 中国人口·资源与环境，2015，25（S1）：71-73.

土地用途区管制规则一览表　　　　表5.1

土地用途区	管制规则
基本农田保护区	▪区内土地主要用作基本农田和直接为基本农田服务的农田道路、水利、农田防护林及其他农业设施；区内的一般耕地，应参照基本农田管制政策进行管护； ▪区内现有非农建设用地和其他零星农用地应当整理、复垦或调整为基本农田，规划期间确实不能整理、复垦或调整的，可保留现状用途，但不得扩大面积； ▪禁止占用区内基本农田进行非农建设，禁止在基本农田上建房、建窑、建坟、挖砂、采矿、取土、堆放固体废弃物或者进行其他破坏基本农田的活动；禁止占用基本农田发展林果业和挖塘养鱼
一般农业地区	▪区内土地主要为耕地、园地、畜禽水产养殖地和直接为农业生产服务的农村道路、农田水利、农田防护林及其他农业设施用地； ▪区内现有非农业建设用地和其他零星农用地应当优先整理、复垦或调整为耕地，规划期间确实不能整理、复垦或调整的，可保留现状用途，但不得扩大面积； ▪禁止占用区内土地进行非农业建设，不得破坏、污染和荒芜区内土地
城镇村建设用地区	▪区内土地主要用于城镇、农村居民点建设，与经批准的城市、建制镇、村庄和集镇规划相衔接； ▪区内城镇村建设应优先利用现有低效建设用地、闲置地和废弃地； ▪区内农用地在批准改变用途之前，应当按现用途使用，不得荒芜

续表

土地 用途区	管制规则
独立 工矿区	▪区内土地主要用于采矿业以及其他不宜在居民点内安排的用地； ▪区内土地使用应符合经批准的工矿建设规划及相关规划； ▪区内因生产建设挖损、塌陷、压占的土地应及时复垦； ▪区内建设应优先利用现有低效建设用地、闲置地和废弃地； ▪区内农用地在批准改变用途之前，应当按现用途使用，不得荒芜
风景 旅游用 地区	▪区内土地主要用于旅游、休憩及相关文化活动； ▪区内土地使用应当符合风景旅游区规划； ▪区内影响景观保护和游览的土地，应在规划期间调整为适宜的用途； ▪在不破坏景观资源的前提下，允许区内土地进行农业生产活动和适度的旅游设施 建设； ▪严禁占用区内土地进行破坏景观、污染环境的生产建设活动
生态环 境安全 控制区	▪区内土地以生态环境保护为主导用途； ▪区内土地使用应符合经批准的相关规划； ▪区内影响生态环境安全的土地，应在规划期间调整为适宜的用途； ▪区内土地严禁进行与生态环境保护无关的开发建设活动，原有的各种生产、开发 活动应逐步退出
自然 和文化 遗产保 护区	▪区内土地主要用于保护具有特殊价值的自然和文化遗产； ▪区内土地使用应符合经批准的保护区规划； ▪区内影响景观保护的土地，应在规划期间调整为适宜的用途； ▪不得占用保护区核心区的土地进行新的生产建设活动，原有的各种生产、开发活 动应逐步退出； ▪严禁占用区内土地进行破坏景观、污染环境的开发建设活动
林业 用地区	▪区内土地主要用于林业生产，以及直接为林业生产和生态建设服务的营林设施； ▪区内现有非农业建设用地，应当按其适宜性调整为林地或其他类型的营林设施用 地，规划期间确实不能调整的，可保留现状用途，但不得扩大面积； ▪区内零星耕地因生态建设和环境保护需要可转为林地； ▪未经批准，禁止占用区内土地进行非农业建设，禁止占用区内土地进行毁林开垦、 采石、挖沙、取土等活动
牧业 用地区	▪区内土地主要用于牧业生产，以及直接为牧业生产和生态建设服务的牧业设施； ▪区内现有非农业建设用地应按其适宜性调整为牧草地或其他类型的牧业设施用地， 规划期间确实不能调整的，可保留现状用途，但不得扩大面积； ▪未经批准，严禁占用区内土地进行非农业建设，严禁占用区内土地进行开垦、采 矿、挖沙、取土等破坏草原植被的活动

（表格来源：县级土地利用总体规划编制规程）

　　在土地用途管制基础上，用途管制逐渐由以耕地为核心的管制扩大到城乡建设用地内部、林地、草地和水域，从而建立起了当前多样化的用途管制制度，包括城乡规划许可、林业用途管制、草地用途管制等。

　　城乡建设用地内部用途管制采用的是以"一书三证"为核心的城乡规划许可制度。"一书三证"包括建设项目选址意见书、建设用地规划许可证、乡村建设规划许可证和建设工程规划许可证，是城乡规划管理部门依据依法批准的城乡规划和有关法律规范，管理建设用地和建设工程的重要手段。

　　林地用途管制制度以保护林地、严格限制林地转为建设用地为主要目标，包括总量控制和定额管理制度、分级管理制度、分级审批制度和占补平衡制度。

湿地管理制度以保护湿地资源为重要目标，主要包括总量管控制度、分级保护制度、分类保护制度和占补平衡制度。

草地用途管制制度主要包括基本草原保护制度、统一调查评价与规划制度和征占用审核审批制度等。

水域用途管制要求按照水功能区划严格管理，主要包括取水许可制度和有偿使用制度（表5.2）。

各类用途管制制度摘要　　　　　　　　　　表 5.2

序号	用途管制类型	主要目的	用途管制手段
1	土地用途管制	严格保护耕地	土地利用总体规划制度 土地利用年度计划制度 耕地占补平衡制度 基本农田保护制度 建设项目用地预审制度 建设项目征地审批制度 农用地转用审批制度 土地登记制度 土地执法监督制度
2	城乡规划许可	对建设工程进行组织、控制、引导和协调	建设项目选址意见 建设用地规划许可 乡村建设规划许可 建设工程规划许可
3	林地用途管制	强化林地保护、维护生态安全	总量控制和定额管理制度 分级管理制度 分级审批制度 占补平衡制度
4	湿地用途管制	强化湿地保护，维护生态安全	总量管控制度 分级保护制度 分类保护制度 占补平衡制度
5	草地用途管制	保护、建设和合理利用草原	基本草原保护制度 统一调查评价与规划制度 征占用审核审批制度
6	水域用途管制	维持具有水域功能的区域面积，保障水安全	总量控制制度 定额管理制度 饮用水水源保护区制度 取水许可制度 有偿使用制度

（表格来源：根据相关资料整理）

通过以上分析，可知当前国内外关于用途管制内涵、手段均未形成统一的认识，用途管制的手段也不尽相同。随着生态文明体制改革的不断深化，国家对国土空间用途管制范围、内容、机构等提出了一系列新要求。《生态文明体制改革总体方案》明确要求"将用途管制扩大到所有自然生态空间，划定并严守生态红线，严禁任意改变用途"[①]，实现全域全类型用途管制。十九大报告

①生态文明体制改革总体方案 [EB/OL]. 中华人民共和国中央人民政府门户网站，2015年9月21日.

①黄征学，祁帆. 从土地用途管制到空间用途管制：问题与对策［J］. 中国土地，2018（06）：22-24.

明确实行"空间用途管制"，意味着用途管制从平面的土地走向立体的空间、从割裂的单要素管制迈向"山水田林湖草"生命共同体的综合管制、从耕地和林地保护迈向生态空间管制。①

为落实十九大要求，新成立的自然资源部的重要职能之一就是统一行使所有国土空间用途管制职责。任务目标已明确，如何与空间规划体系改革相契合，消除现有各类资源用途管制割裂的现实情况，实现从土地用途管制向国土空间用途管制的有效扩展是我们面临的重要课题（表5.3）。

国土空间用途管制的新形势新要求　　　　表5.3

政策文件	颁布时间	政策解读
中共中央关于全面深化改革若干重大问题的决定	2013年11月	▪建立空间规划体系，划定生产、生活、生态空间开发管制界限，落实用途管制； ▪完善自然资源监管体制，统一行使所有国土空间用途管制职责
生态文明体制改革总体方案	2015年9月	▪构建以空间规划为基础、以用途管制为主要手段的国土空间开发保护制度； ▪健全国土空间用途管制制度。将用途管制扩大到所有自然生态空间，划定并严守生态红线，严禁任意改变用途； ▪将分散在各部门的有关用途管制职责，逐步统一到一个部门，统一行使所有国土空间的用途管制职责
中共中央关于制定国民经济和社会发展第十三个五年规划的建议	2015年11月	▪以市县级行政区为单元，建立由空间规划、用途管制、领导干部自然资源资产离任审计、差异化绩效考核等构成的空间治理体系
自然生态空间用途管制办法（试行）	2017年3月	▪建立覆盖全部国土空间的用途管制制度，不仅对耕地要实行严格的用途管制，对天然草地、林地、河流、湖泊、湿地、岸线、滩涂等生态空间也要实行用途管制，涵盖所有自然生态空间； ▪国家对生态空间依法实行区域准入和用途转用许可制度； ▪空间规划是生态空间用途管制的依据； ▪从严控制生态空间转为城镇空间和农业空间，禁止生态保护红线内空间违法转为城镇空间和农业空间。加强对农业空间转为生态空间的监督管理，未经国务院批准，禁止将永久基本农田转为城镇空间。鼓励城镇空间和符合国家生态退耕条件的农业空间转为生态空间
十九大报告	2017年10月	▪设立国有自然资源资产管理和自然生态监管机构，完善生态环境管理制度，统一行使全民所有自然资源资产所有者职责，统一行使所有国土空间用途管制和生态保护修复职责，统一行使监管城乡各类污染排放和行政执法职责
2018年政府工作报告	2018年3月	▪改革完善生态环境管理制度，加强自然生态空间用途管制

（表格来源：根据相关资料整理）

第二节 国土空间用途管制

作为人们赖以生存和发展的家园，国土空间涉及的利益主体主要包括国家、地方政府、企业（个人）三类，不同利益主体的利益诉求不一样，所采取的行为倾向也不一致。

国家作为国土空间资源公共利益代表，拥有两种身份：一种是国土空间资源管理的"受托人"和"经纪人"，随着自然资源资产化制度改革的进一步深化，如何经营管理好自然资源，确保国土空间资源资产增值保值，将变得越来越重要；另一种是国土空间资源"管家"的身份，即如何真正履行好保护国土空间资源环境的职责，防止其受到破坏或侵占。作为国土空间资源管理的"受托人"和"经纪人"，在这两种身份背景下，国家需要充分利用国土空间资源，保障经济高质量发展；作为"管家"，国家则要制定一系列管理制度，保护资源环境。

在我国当前法律下，国土空间资源占用、使用和处置的直接主体实际是各级地方政府。一方面，作为中央政府的下属机构，地方政府必须贯彻国家政策文件，与国家利益保持一致，严格执行用途管制制度。另一方面，地方政府作为独立的利益主体，需要保证地方经济发展。在土地财政模式下，地方政府往往将建设用地增长作为谋求政府财政来源、推动地方经济发展的重要手段。由此，地方政府常常处于保护与建设的两难选择之中，在实际履行国土空间开发保护职责时，往往会出现偏离国家目标的现象。

此外，企业（个人）是国土空间资源的直接使用者，在开发建设活动中某些企业（个人）为追求利益最大化，也常常会出现破坏生态用地、侵占农用地的行为。

为规范各级政府和企业（个人）的开发建设行为，落实生态文明建设要求，保障全民利益，实现高质量发展，需要制定统一完善的用途管制制度。目前我国用途管制制度始于以保护耕地为核心的土地用途管制制度，后来逐渐扩大到林地、湿地、水域、草地和城乡建设用地等。用途管制制度建立以来，对保护耕地、节约集约利用土地和保护生态环境等发挥了重要作用，但也存在诸多不完善之处，主要表现在以下四个方面：

一是用途管制依据不统一，职能交叉、权责不一等现象较为普遍。机构改革之前，我国国土、城乡建设、林业、海洋等部门承担着不同类型资源的用途管制职责，各部门以自身事权为出发点，针对管控内容分别编制了对应的专项规划作为各类空间用途管制的依据，例如土地利用总体规划、城乡规划、林业保护规划、海洋功能规划等。但这些规划因为规划期限、统计口径、数据标准、管理体制和政策措施的不同，在各类资源的用途管制方面往往存在较大差异。

二是用途管制侧重单一要素类型，系统性不强。自然资源部成立之前，我国采取的是分部门的自然资源管理方式，耕地、林地、水域等不同生态资源要素管控职权由不同部门掌控，各部门基于自身事权，制定了各自管辖的国土空间资源用途管控规则和用途转用制度，例如耕地占用制度、林地占用制度、水域占用制度等。这种管理方式并未统筹考虑山水林田湖草等各个要素的有机联系，整体性和系统性考虑不足，导致部分地方在施政过程中，片面追求某一类国土空间资源的用途转用指标，例如为保障耕地占补平衡要求，过度开垦导致草原退化等。

三是用途管制纵向传导不畅，刚性管控过强弹性不足。各级政府用途管制事权划分不清，用途管制内容、深度、重点多有交叉，在纵向传导过程中过于注重自上而下的计划指标管理和以行政、法律等强制性手段为主的刚性管控，市场激励与引导等手段不足，无法体现市场在资源配置中的决定性作用。

四是各资源要素之间的用途转用流动机制有待加强。为控制地方政府在土地财政驱动下片面追求非建设用地向建设用地的单向转用，我国已形成了相对完善的非建设用地向建设用地转用的相关制度，但随着自然资源资产化管理改革逐步深化，非建设用地与建设用地的双向流动将成为必然趋势，生态文明体制改革的深化将逐步平衡非建设用地与建设用地之间的资产价值，非建设用地与非建设用地内部、建设用地向非建设用地转用的相关用途转用制度亟待完善。

为解决我国目前用途管制制度存在的这些问题，应该重点从统一用途分类标准、理顺用途管制传导关系、刚弹结合制定用途管制政策三个方面入手，推进国土空间用途管制制度建设。

首先是基于自然资源统一管理，探索制定统一的用途分类标准体系，破解部门职能交叉的问题。矿藏、水流、森林、山岭、草原、荒地、海域、滩涂等各类自然资源由于在各个历史阶段分属于国土、林业、农业、水利、环保等多个部门分片管、分行业管，职能交叉重叠。在资源的划分认定上从调查到规划往往以资源主管部门的分类认定标准为主要依据，而各部门用地认定标准所存在的一系列差异和矛盾问题成为国土空间用途管制制度建设的掣肘之一。

统一用途分类标准是实现国土空间用途管制的基础。对于统一用途标准的探索工作，从2012年广州"三规合一"到国土空间规划体系构建过程中，一直是"多规合一"工作的重要内容和核心工作。

2012年，广州市在开展"三规合一"时，对于各类规划用途分类标准不衔接的问题，自下而上地提出了土地利用总体规划与城乡规划用地分类的衔接标准，并上升为地方标准，为广州市"三规合一"工作提供了技术支撑。

之后，在广州市"三规合一"用地分类衔接标准基础上，各地在开展"多规合一"工作时针对地方实际也纷纷提出了各自的用地分类衔接标准，如北京、厦门等。

宁夏回族自治区空间规划（多规合一）试点工作，更是进一步制定了统一的用地分类标准，并将此标准直接运用到省、市县空间规划编制中。宁夏空间规划用地分类标准在制定过程中协调了国土、林业和城乡规划的用地标准，并首次将湿地作为单独地类列入全域用地分类标准中，为后续自然资源部制定用途分类标准提供了地方实践经验（表5.4）。

宁夏空间规划（多规合一）分类标准　　　　表 5.4

一级类	二级类	三级类	四级类
建设用地（1000）	城镇建设用地（1100）	居住用地（1110）	一类居住用地（1111）
			二类居住用地（1112）
			三类居住用地（1113）
		公共管理与公共服务用地（1120）	行政办公用地（1121）
			文化设施用地（1122）
			教育科研用地（1123）
			体育用地（1124）
			医疗卫生用地（1125）
			社会福利设施用地（1126）
			文物古迹用地（1127）
			外事用地（1128）
			宗教设施用地（1129）
		商业服务业设施用地（1130）	商业设施用地（1131）
			商务设施用地（1132）
			娱乐康体设施用地（1133）
			公用设施营业网点用地（1134）
			其他服务设施用地（1135）
		工业用地（1140）	一类工业用地（1141）
			二类工业用地（1142）
			三类工业用地（1143）
		物流仓储用地（1150）	一类物流仓储用地（1151）
			二类物流仓储用地（1152）
			三类物流仓储用地（1153）
		道路与交通设施用地（1160）	城市道路用地（1161）
			城市轨道交通用地（1162）
			交通枢纽用地（1163）
			交通场站用地（1164）
			其他交通设施用地（1165）
		公用设施用地（1170）	供应设施用地（1171）
			环境设施用地（1172）
			安全设施用地（1173）
			其他公用设施用地（1174）

一级类	二级类	三级类	四级类
建设用地（1000）	城镇建设用地（1100）	绿地与广场用地（1180）	公园绿地（1181）
			防护绿地（1182）
			广场用地（1183）
		发展备用地（1190）	——
	村庄建设用地（1200）	村民住宅用地（1210）	住宅用地（1211）
			混合式住宅用地（1212）
		村庄公共服务用地（1220）	村庄公共服务设施用地（1221）
			村庄公共场地（1222）
		村庄产业用地（1230）	村庄商业服务业设施用地（1231）
			村庄生产仓储用地（1232）
		村庄基础设施用地（1240）	村庄道路用地（1241）
			村庄交通设施用地（1242）
			村庄公用设施用地（1243）
		村庄其他建设用地（1250）	——
	独立产业用地（1300）	独立工业用地（1310）	——
		独立旅游用地（1320）	——
		配套设施用地（1330）	——
	区域交通设施用地（1400）	铁路用地（1410）	——
		公路用地（1420）	——
		港口用地（1430）	——
		机场用地（1440）	——
		管道运输用地（1450）	——
	区域公用设施用地（1500）	能源设施用地（1510）	——
		水工设施用地（1520）	——
		通信设施用地（1530）	——
		其他区域公用设施用地（1540）	——
	特殊用地（1600）	军事用地（1610）	——
		安保用地（1620）	——
	采矿用地（1700）	——	——
	其他建设用地（1800）	——	——

续表

一级类	二级类	三级类	四级类
非建设用地（2000）	农用地（2100）	耕地（2110）	水田（2111）
			水浇地（2112）
			旱地（2113）
		园地（2120）	果园（2121）
			其他园地（2122）
		林地（2130）	有林地（2131）
			灌木林地（2132）
			其他林地（2133）
			宜林地（2134）
		牧草地（2140）	天然牧草地（2141）
			人工牧草地（2142）
		其他农用地（2150）	农村道路（2151）
			设施农用地（2152）
			沟渠（2153）
			田坎（2154）
	湿地（2200）	河流水面（2210）	——
		湖泊水面（2220）	——
		水库水面（2230）	——
		坑塘水面（2240）	——
		内陆滩涂（2250）	——
		沼泽地（2260）	——
	自然保留地（2300）	——	荒草地（2311）
			盐碱地（2312）
			沙地（2313）
			裸地（2314）

（表格来源：宁夏回族自治区空间规划（多规合一）试点工作）

广州市在国土空间规划试点过程中，按照"一级并列、事权化、传导性"的原则，形成两级分类体系。其中，"一级并列"即一级地类的划分充分结合土地资源类型和部门职能权限，划分为N个平级类型，各个分类之间为并列关系；"事权化"是指按照事权对应的原则，根据归纳相似性、区别差异性的方法，对应不同事权，形成由总体到局部、上下联系、逻辑分明的两级续分系统，实现用地的分级管控；"传导性"是要求功能分区与用地分类之间形成空间管控的传导关系，为部门详细性规划编制时的二级地类细分预留接口，满足各部门的精细化用途管控需求，整体形成向上和向下的一体化、连贯性的传导体系。建立由"功能分区→用地分类"的传导关系，实现由市级国土空间总体规划的功能控制到详细规划的用地管理的空间管控传导（表5.5、表5.6）。

自然资源部的成立为实现统一的用途分类标准奠定了组织基础。目前自然资源部也正在进行用途分类标准的制定工作。

广州市国土空间规划两级用地分类示意表　　　表5.5

一级类		二级类	
编码	名称	编码	名称
01	耕地	0101	水田
		0102	水浇地
		0103	旱地
02	园地	0201	果园
		0202	茶园
		0203	橡胶园
		0204	其他园地
03	林地	0301	有林地
		0302	灌木林地
		0303	其他林地
04	草地	0401	天然牧草地
		0402	人工牧草地
		0403	其他草地
05	其他农用地	0501	设施农用地
		0502	农村道路
		0503	坑塘水面
		0504	沟渠
		0505	田坎
06	水域与湿地	0601	河流水面
		0602	湖泊水面
		0603	水库水面
		0604	沿海滩涂
		0605	内陆滩涂
		0606	红树林地
		0607	沼泽地
		0608	冰川及永久积雪

续表

一级类		二级类	
07	海域	0701	海面
		0702	礁石
		0703	海岛
08	自然保留地	0801	盐碱地
		0802	沙地
		0803	裸土地
		0804	裸岩石砾地
09	城镇建设用地	0901	居住用地
		0902	公共管理与公共服务设施用地
		0903	商业服务业设施用地
		0904	工业用地
		0905	物流仓储用地
		0906	道路与交通设施用地
		0907	公用设施用地
		0908	绿地与广场用地
		0909	发展备用地（待深入研究用地）
10	村庄建设用地	1001	村庄住宅用地
		1002	村庄公共与商业服务用地
		1003	村庄工业仓储用地
		1004	村庄基础设施用地
		1005	村庄绿地与公共空间用地
		1006	村庄其他建设用地
11	区域交通设施用地	1101	铁路用地
		1102	公路用地
		1103	机场用地
		1104	港口码头用地
		1105	管道运输用地
12	区域公用设施用地	1201	能源设施用地
		1202	水工设施用地
		1203	通信设施用地
		1204	其他区域公用设施用地

续表

一级类		二级类	
13	特殊用地	1301	军事设施用地
		1302	外事设施用地
		1303	监教场所用地
		1304	宗教用地
		1305	殡葬用地
		1306	风景名胜设施用地
14	采矿及其他建设用地	1401	采矿用地
		1402	盐田
		1403	其他建设用地

......

（表格来源：广州市国土空间规划（2018—2035）阶段性研究成果）

"功能分区→用地分类"的传导关系示意表　　表5.6

功能分区		用地分类		
		一级类		二级类
类别代码	类别名称	代码	名称	个数
FE	生态保护区	06	水域与湿地	8
		03	林地	3
		08	自然保留地	4
		02	园地	4
		04	草地	3
		05	其他农用地	5
FA	农林复合区	01	耕地	3
		02	园地	4
		03	林地	3
		04	草地	3
		05	其他农用地	5
		08	自然保留地	4
		14	采矿及其他建设用地	3
		10	村庄建设用地	6
		13	特殊用地	6

续表

功能分区		用地分类		
		一级类		二级类
FF	基本农田集中区	01	耕地	3
		02	园地	4
		05	其他农用地	5
FH	海洋保护区	07	海域	3
FC	村庄建设区	10	村庄建设用地	6
		05	其他农用地	5
		13	特殊用地	6
		02	园地	4
FR	居住生活区	09	城镇建设用地	9
		13	特殊用地	6
FJ	工业仓储区	09	城镇建设用地	9
		12	区域公用设施用地	4
		11	区域交通设施用地	5
		13	特殊用地	6
		14	采矿及其他建设用地	3
FB	商业办公区	09	城镇建设用地	9
FP	公共服务设施区	09	城镇建设用地	9
FI	公用基础设施区	09	城镇建设用地	9
		12	区域公用设施用地	4
		11	区域交通设施用地	5
		13	特殊用地	6
		14	采矿及其他建设用地	3
FL	游憩休闲区	09	城镇建设用地	9
		13	特殊用地	6
		06	水域与湿地	8
		03	林地	3
		08	自然保留地	4
		02	园地	4

续表

功能分区		用地分类		
			一级类	二级类
FL	游憩休闲区	04	草地	3
		10	村庄建设用地	6
		12	区域公用设施用地	4
		11	区域交通设施用地	5
		14	采矿及其他建设用地	3
FS	适调区（战略留白区）	——	——	——

······

（表格来源：广州市国土空间规划（2018—2035）阶段性研究成果）

其次是基于央地事权关系，构建层级明晰、重点分明的国土空间用途管制体系，破解层级不清的问题。国家、省、市、县、镇不同层级政府的行政和立法权力不同，行政区域空间尺度不同，各层级用途管制需要解决的问题不同，管制内容、深度、重点及事权也不同，需要按照"一级政府、一级事权、一级管制"的原则，区分规划事权，突出层级性管控。

《生态文明体制改革总体方案》要求构建"以空间规划为基础，以用途管制为主要手段的国土空间开发保护制度"，构建"以空间治理和空间结构优化为主要内容，全国统一、相互衔接、分级管理的空间规划体系"。[①]可见，空间规划是实现国土空间用途管制的基础和依据，而对于空间规划体系而言，相互衔接下的分级管理是其基本要求。

《中共中央国务院关于建立国土空间规划体系并监督实施的若干意见》提出我国将构建"五级+三类"国土空间规划体系，即"国家—省—市—区县—镇"五级、"总体规划—专项规划—详细规划"三类。因此，对于国土空间的用途管控也应当与空间规划体系的层级划分相匹配，服务和对应于各层级空间规划的空间治理和空间管控内容、规划职能、管理要求等，建立不同层级能够全覆盖的国土空间用途管制体系，合理划分之后在相应层级、相应分区类型中建立管控细则，将自然资源空间开发和保护落到实处。

国家层面在国土空间用途管制的重点应与中央事权相匹配。按照《生态文明体制改革总体方案》要求，中央政府主要对石油天然气、贵重稀有矿产资源、重点国有林区、大江大河大湖和跨境河流、生态功能重要的湿地草原、海域滩涂、珍稀野生动植物种和部分国家公园等直接行使所有权。[②]

因此，国家在用途管制中应强化战略性和政策性，针对底线核心资源以及影响国家生态安全、粮食安全的国土空间资源，实行强制性管控，而其他方面

①生态文明体制改革总体方案 [EB/OL]. 中华人民共和国中央人民政府门户网站，2015年9月21日.

②生态文明体制改革总体方案 [EB/OL]. 中华人民共和国中央人民政府门户网站，2015年9月21日.

则应给予地方一定的自主权。2019年通过的新《土地管理法》已经很明显体现了这一点。新《土地管理法》按照放管服改革要求，对中央和地方土地审批权限进行了调整，明确了涉及永久基本农田的农用地转用由国家审批，其他由国务院授权省政府审批。

省级层面国土空间用途管制的重点应结合各省实际体现协调性和统筹性。由于我国地理空间的差异性和发展的不平衡性，我国各省之间的实际情况差距较大，各省在制定用途管制政策时，应在落实国家要求基础上，结合各自省情，收放结合，统筹协调，促进国土空间的良性发展。

市县级层面应细化落实上级用途管制政策要求，强化空间性和功能性，重点是强化生态保护红线、永久基本农田、城镇开发边界的划定，结合市县实际发展情况，制定具体明确的管制规则，兼顾管控和引导，侧重实施性。

镇街层面深化落实市县级划定的生态保护红线、永久基本农田、城镇开发边界，强化针对性和操作性，编制用地布局方案，将土地用途落实到地块，实行全域全类型用途管制，制定符合当前发展要求的开发利用与保护条件（如建设规模、强度、布局、环境保护等）。

第三是研究政府与市场关系下的刚弹结合的用途管制制度，增加用途管制弹性空间和混合使用空间，破解当前用途管制刚性过强而弹性不足的问题。

在实施用途管制过程中，在严控影响生态安全、粮食安全等强制性要素基础上，为应对经济社会发展的不确定性，在规划和管理中留有一定的弹性留白区域是十分重要的。美国、新加坡和中国台湾地区都在此方面进行了相关探索。

美国在20世纪60年代后期，采取了"浮动式分区"、"契约式分区"等日趋多样的管制工具。浮动式分区是指土地规划时，只将具有明确用途的地方先行划定，其他尚未明确的地方待时机成熟时，结合城市发展实际需求再进行划定；契约式分区是指在土地契约期满后可以调整土地用途和开发强度。

新加坡允许在"白色地带"内，随时变更土地用途，更好地适应市场需要，以促进产业转型升级。在政府划定的特定"白色地带"地块内，允许多种功能用途的项目混合发展，例如居住、商业、公共服务设施或其他无污染的项目，并允许有一定功能混合比例调整的权利。

我国台湾地区公布了《工业区用地变更规划办法》，建立了工业区土地使用弹性制度。对工业区内各类用地之间的转换提供较大的弹性空间，但对用途变更的比例有较严格的控制，例如公共设施用地占全区土地总面积的比例不得低于30%等。

上海市在2035年城市总体规划中也提出弹性留白的做法。

弹性留白的做法给予地方一定的弹性空间，增强用途管制对市场经济发展的适应性，具体来讲可以探索总量严格管控与年度规模动态调整相结合的实施机制；探索空间和指标的双预留弹性机制，在强化生态保护红线、永久基本农田、城镇开发边界底线管控的基础上，在地方事权范围内，实现一定比例规划指标的预留和空间布局上的战略留白；探索用途兼容性，增加用途管制弹性，在每一类型基本规划用途分区下以表单形式列明其相容用途，土地用途管制采取用途相容性（排斥不相容用途）而不是确定地块用途的方式，从而提高规划管制的适应性和灵活性。

第四是深化完善非建设用地与建设用地双向转用制度。我国当前土地用途管制制度的核心是保护耕地，农用地转用、林地占用、水域占用等用途转用许可制度相对成熟，强调对于耕地、山林、水域的保护，控制农用地转为建设用地，国土空间用途管制制度要延续和完善原有的以保护农用地和生态用地为主的转用许可方式。另一方面，要研究建设用地转为非建设用地的补偿机制。随着生态文明建设的深入推进，土地综合整治和生态修复工作将越来越重要，大量的现状建设用地会被复垦为非建设用地，建设用地转用为非建设用地将成为普遍现象。因此在自然资源资产统一确权登记和管理的基础上，探索建设用地向非建设用地转用过程涉及的发展权转移、生态补偿等多重利益协调机制将是十分重要和迫切的。

统一用途管制是实现"多规合一"的关键内容，也是国土空间规划实施的核心环节，本节提出的国土空间用途管制制度研究方向还只是初步思考，希望与广大规划技术和管理者一同探索全域全要素的国土空间用途管控制度。

第六章 迈向存量时代，创新建设用地规划与管控

我国城市尤其是大城市已经进入以提高质量为主旨的"存量发展"阶段，规划也从以往注重增量安排，进入增存并举的存量规划时代。存量规划时代建设用地的规划与管控不仅仅局限于建设空间的做大做强，而是在以人为本的要求下，通过破解资源约束难题，实现生态、生产、生活空间的和谐共生。存量规划时代"多规合一"需要在规划技术与规划实施政策方面进行有效创新，实现增量建设用地规模和空间的有效管理和存量建设用地的提质增效。

第一节 存量规划时代的到来

城市的规模应该多大，一直是困扰研究城市的学者和管理城市长官的世界性难题。在古代，城市作为统治的堡垒，城市的规模基本按照城墙的范围界定，但是随着社会生产力的不断提高和城市经济因素的不断加强，在一个城市的发展过程中，也存在逐渐外拓的过程。这种外拓的过程，首先是出现在城门和水陆交通畅达的地区，如在主要对外联系方向的城门附近会建设驿站，并以此逐渐发展；在水运交通码头，也会形成商贾聚居地区等。

古代城市在历代修建城墙的过程，也会不断地将这些增长区域囊括进来，如明代北京城的发展过程既是如此。自明成祖朱棣迁都北京后，到明世宗嘉靖130多年的时间，北京内城南垣城门外及北京其他几个关厢地区已自发形成了不少聚居区，为加强防卫和管理，嘉靖三十二年（1553年），又修筑了外城将这些区域囊括了进来。

由此可见，城市外拓是随着经济社会发展和城市人口增长而经历的必然阶段，只不过古代城市外拓是缓慢的。受政治和宗法礼教关系影响，甚至还有些城市是先建好城市外廓和骨架，然后不断填充，如唐代长安城。唐代长安城始建于隋代初期，在规划之初，为体现大一统王朝的宏伟气魄，容纳更多人口和迁徙江南被灭各国贵族以实京师，规划和建设了83.1平方公里的城市，共108坊，这些里坊后经不断填充，最多时人口达100多万。

我国现代形态的城市出现在清末民初。工业化大生产的出现，使得具有崭新形态的工业区和商业区出现在老城周围，新的城市形态出现。例如，20世纪初期随着广州工业化发展的推进，处处农田的海珠区向工业和农业混合发展区域转变。济南快速工业化进程中，新式工业向西部扩散，使得济南西部成为新

的工业密集区，商业和服务业随之发展。另外，还有些城市平地而起，直接按照现代城市规划理论规划建设，如青岛、上海等。这一时期，现代城市的功能和形态开始出现。

中华人民共和国成立之后，我国大多数城市以原有城市建成区为依托向外拓展，虽然有些城市在规划中也提出了组团发展的规划理念和规划方案，但是在实际实施过程中，城市基本采用的是以老城为依托摊大饼式发展模式。受"先生产再生活"的城市建设指导思想影响，这一时期城市发展以工业发展为先导，同时在土地划拨这一土地供给方式影响下，城市中出现了许多"工厂大院"、"机关大院"，而独立于这些大院之外的城市建设地区较少，这是中国城市中的独特现象。这些"大院"对后来城市基础设施改造和城市功能重构产生了一定影响。

1998年之后，分税制实施和商品房市场兴起，城市土地的价值突显，并成为城市财政重要来源。城市政府纷纷开始通过征收土地—建设新城—拍卖土地来获取城市建设和维护的费用，城市大规模外延拓展开始。这一时期，城市土地扩展速度惊人，《2018年城乡建设统计年鉴》数据显示，城市建设用地面积自1998年2.05万平方公里增长至2017年的5.52万平方公里，年均增长率达5.4%，呈明显扩张趋势。这种由新城建设产生的城市外溢拓展在一定程度上缓解了城市建设过分集聚在中心城和老城的问题，对我国城市发展起到一定的积极推动作用，但同时也产生了用地低效、空城化等一系列问题。

随着城市化进程加快，城市逐渐扩展是无可置疑的事实。《城市星球》通过对世界范围内120个样本城市的分析充分证明了"城市的发展伴随着不可避免的城市扩张和城市密度降低"的科学性。但是外溢拓展应是在合理限度内，并与经济社会环境的发展相适应。

中国城市扩张的现实情况是怎样呢？

同样是1998~2017年，中国城镇人口自3.79亿人增长至8.13亿人，年均增长率4.1%。与前文提到的城镇建设用地比较，我们发现，1998~2017年中国城市建设用地年平均增长率是城镇人口年均增长率的1.31倍。国际上公认的城市用地增长弹性系数（即城市用地增长率与城市人口增长率之比）合理值为1.12，其数值越大越不合理。由此，可初步推断中国人口城镇化与土地城镇化发展态势整体失衡，城镇建设用地扩张速率过快。

这种过快的城市建设用地带来了交通、环境、生态以及土地利用浪费低效等问题，使得城市发展不可持续。在土地财政推动下，城市扩张不仅仅是城市化本身的要求，更是地方政府获取地方发展资金和维持城市运营的财税重要来源。所以中国城镇化过程往往体现为土地城镇化快于人的城镇化，这也是中国众多"鬼城"出现的原因。

要解决这个问题，阻止更多的"鬼城"出现，防止由于过度的城市土地开发给经济体制带来的潜在危险，城市建设的重点由增量转向存量的观点开始提出，并逐渐成为规划界的主题。

2004年《国务院关于深化改革严格土地管理的决定》（国发〔2004〕28号）对中国城市建设产生了深远影响。28号文的出台是在落实科学发展观，土地市场治理整顿大背景下提出的。在此文中，强调了"严格控制建设用地增量、努力盘活土地存量、强化节约利用土地"等相关要求。这一要求在接下来开展编制的第三轮土地利用总体规划有一定程度的体现。存量土地利用和再开发开始走入人们的视野，存量规划的概念逐渐显现。

2007年深圳总体规划是第一个从增量为主转向存量为主的规划。此后很多城市开始探索与存量土地利用相关的规划理念和做法。2008年，广州市战略规划中提出"中调"战略，战略重点是对老城区的优化提升。2009年广东省提出"三旧改造"工作。① "三旧"概念的提出来源国土部门，是国土资源部与广东省开展部省合作，推进节约集约用地试点示范省工作的重要措施。2011年成都市针对旧城改造提出"实施规划"的概念，其"实施规划"以控制性详细规划为基础，城市设计为载体，成果深度满足修建性详细规划阶段城市设计要求，并在控规图纸中增加城市形态控制，表达为管理直接应用的控制要素，为微观尺度上存量开发实施提供直接、具体、可操作的规划导控。

在各地存量规划实践活动基础上，国家层面对严控增量盘活存量的要求不断加强。

2012年在十八大报告中提出了"形成节约资源和保护环境的空间格局、产业结构、生产方式及生活方式"的基本要求。2015年《中共中央国务院关于加快推进生态文明建设的意见》中提出"划定城镇开发边界，从严供给城市建设用地，推动城镇化发展由外延扩张式向内涵提升式转变。按照严控增量、盘活存量、优化结构、提高效率的原则，加强土地利用的规划管控、市场调节、标准控制和考核监管，严格土地用途管制，推广应用节地技术和模式"等相关要求。② 同年12月，中央城市工作会议要求城市"坚持集约发展，框定总量、限定容量、盘活存量、做优增量、提高质量"要求，我国城市尤其是大城市进入以提高城市质量为主旨的"存量发展"阶段。

为落实中央要求，《北京城市总体规划（2016—2035年）》中提出"坚持集约发展，框定总量、限定容量、盘活存量、做优增量、提高质量，以资源环境承载能力为硬约束，确定人口规模、用地规模和平原地区开发强度，切实减重、减负，实施人口规模、建设规模双控，倒逼发展方式转变、产业结构转型升级、城市功能优化调整，实现各项市发展目标之间协调统一"。《上海市城市总体规划（2017—2035年）》中也提出了"严守用地底线，实现建设用地'零增长'甚至负增长"的概念。

2017年北京城市总体规划的批复和2018年上海城市总体规划的批复标志着减量规划已经从规划理念和政策要求转化为具体的规划目标和管控措施。

进入新时代，在生态文明建设总体要求下，高质量发展已经成为经济社会发展的主题词。党的十九大报告提出2020年"完成生态保护红线、永久基本农田、城镇开发边界三条控制线划定工作"的目标。三条控制线的划定将进一步

① "三旧"是指的旧城镇、旧厂房和旧村庄。

② 《中共中央国务院关于加快推进生态文明建设的意见》（中发〔2015〕12号），中华人民共和国中央人民政府门户网站，2015年4月25日。

限定了城市增量用地扩张。新时代的规划应该落实高质量发展要求，以"创新、协调、绿色、开放、共享"五大发展理念为主线，重新审视人地关系，回归人本需求，提供优质高效的城乡空间，从增量规划走向存量规划时代。

第二节　存量规划的统筹编制

存量规划时代的主要特征是不以建设用地增量换取经济社会增长或者发展。也就是由于共识性的增长限制，使得原有依托土地扩张产生的发展向依托土地增效的"发展"转变。在这里，虽然两者都在发展，但在本质上却有很大区别，旧的发展是一种扩张式的，量大于质的增长；而新的"发展"（我们加以引号以示区别）是质与量并重的发展，而且在大多数情况下，对发展质的要求要大于量。由于这种区别，新"发展"是一种较少干扰生态环境、注重人本体验的发展方式。

在存量规划时代，我们进行规划时要把握这种"发展"特征，而不应仅仅是狭义的存量用地使用效率或者开发强度的提高，而是应该从营造更为宜居宜业环境、减少对生境环境干扰的角度反思我们已有的建设行为，并采取循序渐进的方式寻找规划管控与实施的方法。

目前对存量用地概念也存在多种理解。广义上讲，"存量用地"指一定时期内城市发展可用建设用地的总量，既包括已开发的建设用地，也包括了国家已下达指标尚未开发的新增建设用地。而狭义的存量用地更多指向城镇低效用地，一般指低效率、低品质、不安全、功能不合理的建设用地。

对于存量规划的研究已成为我国近年学术界的关注重点。从经济学角度对"存量交易"的逻辑与内涵、存量规划的产权与制度分析、空间利益的博弈与分配、存量规划运作机制及其市场化策略等进行研究，受到了学者们的普遍重视。同时，存量规划作为当前发展阶段下城市功能优化调整的重要手段，正日益受到地方政府的重视。

存量规划是与增量规划相对的概念，是从保护思维出发的"空间规划"，不仅仅局限于建设空间的做大做强，而是追求生态、生产、生活空间的合理布局与和谐共生。存量规划的核心是以人为本，目标是破解资源约束，解决建成区功能提升、设施环境改善、文化特色重塑等一系列现实需求。在土地利用方面更强调从外延扩张转向内涵挖掘，通过规划的供给侧结构性改革，重新认识和发掘建成区土地价值，寻求空间资源配置高效化，用地结构合理化和空间格局更优化。

由于存量规划不再以提高经济效益为唯一导向，为优化用地结构和布局，补足民生设施建设短板和改善人居环境政府往往需要一定增量土地。因此，存量规划的提出并非说明城市没有增长，相反，现阶段的存量规划往往需要增存并重。

对于存量规划来说，笔者认为其规划对象应是广义的存量用地。存量规划与既有的增量规划从白纸上进行功能布局不同，它是在"严控"的背景下，针对已建用地和已限定的微量新增用地在规模、结构、功能布局上的再次优化调整。

因此，存量规划时代的"多规合一"，实际上有两个层次的涵义：一方面是对增量建设用地规模和空间的有效管理和控制；二是对已有存量建设用地的全面提质增效，包括效率、结构、布局的总体优化。这两层次内容不是割裂的，而是相辅相成的。

对已有建设用地也就是存量建设用地的提质增效，是在限定城市增长边界的基础上来实现的。在市场经济环境下，只有当新增用地成本大于存量用地使用成本时，存量建设用地的提质增效才会成为现实行为，所以限定增量扩展，提高增量使用成本是存量使用的前提。

对建设用地增长有效管控是不断探索的过程。从花园城市、带型城市到光明城市、有机生长理论，对于城市扩张模式的研究和理论不断推出，进入20世纪70年代，美国人为控制城市蔓延，提出了"新都市主义"与"精明增长"理念，并为城市增长设定了城市空间增长边界（Urban Growth Boundary）。城市增长/开发边界的划定目前是学术界讨论较为热烈的话题之一。关于开发边界的概念内涵、划定方式和用途管控要求，在本书第四章已有详细介绍，此处不再赘述。

城市开发边界划定，只是存量规划开展的第一步。在划定边界基础上，如何对边界内部土地空间资源进行重新配置，进一步优化建设用地结构与布局，从而达成生态、经济、社会效益最大化，是存量规划的重点工作。

在快速城镇化的历史惯性下，建设用地外延式扩张带来了大量低效用地。根据2016年度城镇低效用地更新调查，浙江省入库的城镇低效用地约有115万亩。截至2016年12月，广东省入库的"三旧"用地共313.44万亩，约占全省建设用地总面积的10%（图6.1）。根据国土部网站资料，2008~2012年全国累计批而未供土地占批准建设用地总量的41.6%。[1]这些存量低效用地亟待盘活。

存量用地再开发旨在通过结构和布局调整来容纳新的增长，在规划思路上应该由增量模式的"以需定供"转向"以供调需"。规划过程中应通过建设用地结构调整和布局优化激活用地流量，实现城市功能的完整和土地容量的提升。

对于我国来说，建设用地结构调整首先要解决的是城乡建设用地结构失衡问题。1982年宪法、1988年《土地管理法》与其他法律一起奠定了我国城乡土地二元制度的基本格局。依据《土地管理法》规定，城市市区土地属于国家所有。农村和城市郊区土地，除由法律规定属于国家所有的以外，属于农民集体所有；宅基地和自留地、自留山，属于农民集体所有。任何单位和个人进行建设，需要使用土地的，必须依法申请使用国有土地。面对人多地少的现实矛盾，我国也一直严格实行"农地农用、农地农有"，集体所有土地的使用权限受到诸多限制。这就从产权基础和土地制度上，形成了城乡土地在开发价值和

[1] 童菊儿. 城镇低效用地再开发专项规划编制与存量土地规划编制 [Z].

图6.1 广州市三旧改造用
地分布图（图片来源：根据
相关资料绘制）

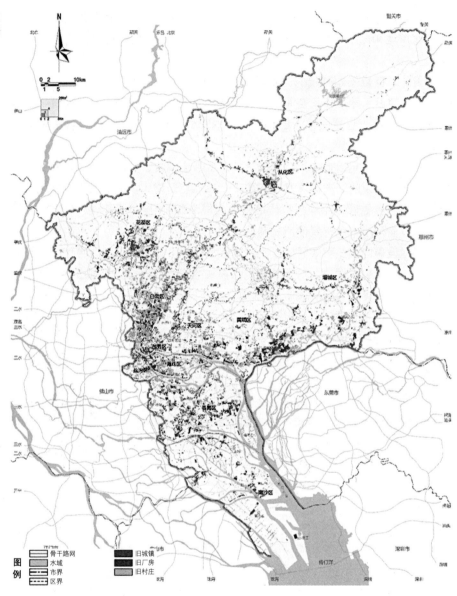

建设状态的差距本源。

　　受这种城乡二元土地管理模式的影响，城乡用地结构问题一直是我国建设
用地结构调整中的核心问题。与城镇建设用地相比，集体建设用地整体呈现粗
放增长趋势。现行土地规划、城乡规划、交通规划、公共服务设施等各类空间
性规划与建设，基本上以国有土地作为统筹建设对象，关于集体所有用地的规
划引导少之又少。"重城市，轻农村"的规划思路导致资源与资金优先流入城
市建设，集体建设用地无章可循，无利可图，在土地使用效率与居住环境建设
上远远落后于城市建设用地。

　　根据2017年《中国农村发展报告》，全国农村居民点空闲和闲置用地面积

约多达3000万亩，2008~2017年，在全国农村常住人口减少0.97亿人的情况下，村庄建设用地反而增加了3439平方公里。[①]广东省年度土地变更调查数据显示，2016年全省城镇人口人均城镇工矿用地为95.36平方米/人，农村人口人均农村居民点用地为242.6平方米/人，两者相差近2.5倍。

沿海地区乡镇企业的发展，是集体建设用地低效增长的另一来源。1980年代改革开放以来，珠三角地区城市开启了轰轰烈烈的"农村社区工业化"进程。与国有土地相比，集体土地使用权租金相对廉价，进入门槛也相对较低，大量乡镇企业涌入农村社区，通过土地股份制、联合办厂、公司化运作等方式，按乡镇企业的政策进行农地转用。集体经营性建设用地的蓬勃发展为农村集体经济注入了新的活力，在一定程度上缓解了城乡二元结构，但随之而来的是土地利用粗放、空间布局散乱、城镇化质量低下等系列问题，大批低效村镇工业园区成为城乡后续规划建设中的老大难问题。

以广州为例，2017年广州市村级工业园数量为1688个，用地面积约132平方公里，平均毛容积率仅为0.47。2014年佛山市南海区总建设用地面积为547平方公里，其中农村建设用地占全区建设用地总量的71.7%，集体工业用地占全区工业用地的74%。1991~1999年期间，每增加1亩工业用地，仅增加约91万元工业产值。[②]

一方面是集体建设用地低效浪费，一方面是城镇建设用地供不应求，如何重构城乡割裂发展格局，从城乡统筹规划的角度探索土地资源的重新配置，已经成为存量建设用地结构优化的首要任务。

城乡建设用地结构的优化，既要引导集体建设用地减量提质，更要保障乡村产业兴旺、生态宜居、治理有效，不再以牺牲农村、农民的利益来"反哺"城镇发展建设。以"多规合一"为平台统筹编制村庄规划，有序推进农村土地整理，是在乡村振兴新要求下，实现城乡均衡发展的创新探索。

对于农村建设用地，我国规划界传统的处理方式往往是以城市的角度去处理农村的问题。在具体规划过程中，为了扩大城市建设规模，往往不考虑农民实际生活和劳作方式，按照城市化水平和人均指标，核算出农村居民点用地，然后与现状农村居民点用地对照，提出农村居民点用地复垦目标，然后将此数据腾挪到城市建设中。

这种方式，表面上看体现了土地集约高效利用的要求，实际上却忽略了农村居民点用地复垦过程中的各种经济利益因素，在规划实施过程，不是无法完成复垦任务，造成建设用地变相增长，就是在强制实施过程中，引发社会问题。因此，对于农村建设用地的处理，应通过协商式规划，与各方利益相关方沟通，并在达成共识后，落实到"多规"中进行保障实施。

浙江省德清县作为国家28个"多规合一"试点市县之一，通过城镇建设用地梳理、农村居民点用地梳理、集体经营性建设用地梳理、独立产业用地梳理、公共服务设施用地梳理和基础设施用地梳理的"六梳理"工作，对全域增量用地需求和存量用地进行逐一梳理，打破了以往只重视增量扩张，忽视存量

①根据住建部中国城乡建设统计年鉴，2008年全国村庄用地131170平方公里，人口7.72亿；2017年全国村庄用地134609平方公里，人口6.75亿。

②袁奇峰. 城乡统筹中的集体建设用地问题研究——以佛山市南海区为例 [J]. 规划师，2009.

处理的问题，站在全域统筹发展的角度，从优化空间格局、完善城市功能入手，对建设需求和布局进行了综合考虑。

其中针对农村居民点用地，德清县在试点过程中结合自身发展问题，探索了一套城乡统筹的农村建设用地规划方法。2010年，德清县利用新一轮土地利用总体规划和县域总体规划同时修编的时机，按照"科学规划、引导集聚"的总体思路，对全县151个行政村同步开展了村庄规划。县域村庄布局规划以"两规合一、村庄集聚"为指导思想，逐步引导全县151个行政村1751个居住点，至2020年规划撤并到229个居住点。

但是这一轮村庄规划实施过程中，由于与土地利用规划等其他部门规划之间存在规模和布局差异和受经济因素制约村民集聚动力不足等问题，实施效果并不理想。为解决此问题，德清县"多规合一"工作开展了"一村一梳理"工作，对农村建设用地的现状情况、村庄规划情况以及土规规划情况，逐村进行摸查统计，建立农村建设用地梳理的基础台账。在尊重村民意愿及实际情况基础上，优化调整2030年村庄开发边界，建议土规修改完善有冲突的复垦区合并为乡村发展新增部分建设用地。通过"多规合一"工作过程的村庄梳理工作，为后续美丽乡村建设奠定了基础（图6.2）。

城市与农村建设用地空间的整合协调，是城乡建设用地优化的另一难题。在自下而上的农村工业化与快速城镇化冲击下，我国沿海发达地区城市普通面临着用地粗放化、城乡混杂化、空间破碎化等用地问题。城乡空间缺乏高效率组织，工厂、村庄和零星农田散乱布局于城市建设用地中，构成"城中有村、村中有城"的灰色区域。城乡景观格局失衡，呈现"半城半乡"的景观特征，自然景观破碎化或正在消失，城镇空间蔓延式增长，灰色水泥景观在许多村镇

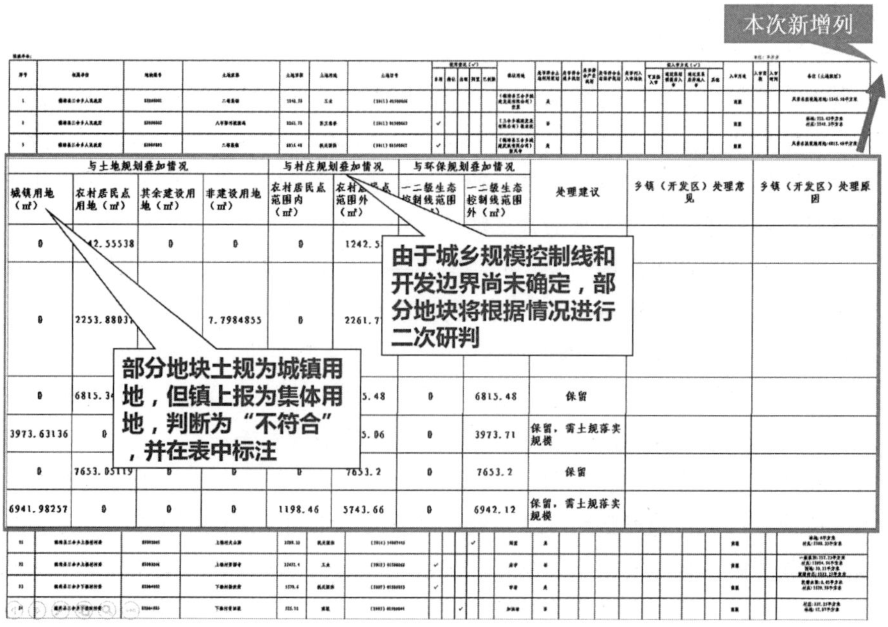

图6.2 德清县"一村一梳理"工作流程图（图片来源：《德清县"多规合一"试点工作》）

成为主导。城乡交界地区在使用功能、设施衔接、空间肌理与景观等方面缺乏统一与协调，固有的"自下而上"开发建设模式导致拼凑形成的全域建设空间呈现秩序混乱状态。[①]

城乡混杂区域主要以村级工业园、城中村、城边村等为主，针对这些城市发展过程中的疑难杂症，应进行差异化引导。村级工业园升级改造，可以探索跨村统筹园区管理及用地指标分配。通过镇街或更高层面的统一组织，引导空间邻近的村级工业园区整理归并为集约化工业区。完善村级工业用地合法化确权程序，明确划分标准、确权比例、办理流程及相关责任。出台鼓励村级工业园发展的专项优惠政策，避免工改商、工改居项目过热，工改工和产业升级停滞不前，考虑以"商住开发补贴产业升级"的思路建立专项基金，对工改工项目提供政策优惠和资金支持。

引导农村存量宅基地整合清退。综合运用更新改造、拆旧复垦、宅基地置换、城乡建设用地增减挂钩等政策途径，推动农村闲置建设用地集约高效利用。加强农村建房规划审批和施工建设管理，原则上城中村不新增宅基地，城边村逐步停止新增非公寓式宅基地；建立农村宅基地清退补偿机制，引导存量宅基地自愿和有偿退出。加大对城镇开发边界外的零散居民点用地整合归并，鼓励集中联建农民公寓、农民新村，加快推进农村旧住宅、废弃宅基地、空心村等闲置建设用地的拆旧复垦。

在解决城乡空间破碎化问题上，佛山市南海地区以"多规合一"作为沟通对话平台，在坚守底线原则下，建立了"利益平衡"的空间集聚与优化技术思路。通过在纵向规划体系之间形成上下联动，重点解决了区、镇之间的空间利益博弈问题，探索了"多规合一"的城乡空间整合模式。

首先是建立底线意识，划定生态控制线，明确建设空间与非建设空间的基本界线。通过推进生态控制线的精细化管理，严格控制生态底线内的建设活动。再次，通过空间优化，引导城乡破碎化空间的高效集聚。坚持"增量入园，存量调整"的方针，采用"联、控、撤"等措施，通过划定产业集聚引导区界，引导新增及现状零散村级工业用地向园区内集聚，控制并腾退区界外工业用地布局。同时通过制定差异化的土地供应、设施配套及财政政策，分类分批有序推进村级工业园改造提升工作。

在引导存量低效用地"联、控、撤"的同时，近年来佛山、东莞等地纷纷探索划定了产业保护红线，针对集中连片、建设条件相对较好的现有与规划工业用地进行全域统筹布局，以保障工业用地的高效供给，为创新产业的发展留足空间。通过存量用地的整合提升、新增用地的统筹划定"双管齐下"，释放了新一轮产业发展空间，避免了由于用地结构调整对产业核心竞争力带来的过大冲击。

有序开展农村建设用地综合整治，是促进城乡土地统筹利用的另一有效途径。乡村振兴战略的提出，赋予了农村土地综合整治更深层次的内涵，如何整合激活农村人、地、业等多元要素，构建城市资本与农村闲置、低效建设用地

① 何冬华，袁媛，杨箐丛，周岱霖.佛山市南海区在广佛同城化中的应对策略研究[J].规划师，2011，27（05）：106-111.

之间的良性互动与资源互通渠道，推动农村土地利用方式的转变，从而弱化城乡用地属性之间的差异，是当前城乡统筹规划的重要命题。

因此，农村存量建设用地的统筹利用应重点关注农村生产、生活、生态空间的重构，结合农村人口和建设用地的城镇化趋势，运用增减挂钩、集体建设用地入市、土地整备等政策工具，有针对性地开展废弃、闲置、低效建设用地和工矿用地复垦，加快城乡之间用地节余指标流转，促进城乡土地布局的整体优化与效益提升。同时，在存量村庄建设用地中科学引导人口与产业集聚，培育新型产业经营主体，完善公共服务、市政基础设施等用地配置，逐步提升农村生产和生活条件。

对于城镇建设用地来说，其内部生产与生活结构失衡是存量规划要解决的重要问题。基于快速工业化和城镇化的发展惯性，我国大多数城市在规划建设历程中，逐渐形成了工业用地比重偏高，民生用地供给不足的城镇建设用地现状。以北方老工业地区和沿海制造业发达地区为例，2017年辽宁省、广东省全省工业用地分别占城镇建设用地比例的26%和27%，接近我国《城市用地分类与规划建设用地标准》所建议的15%~30%的上限值。随之而来的是产业园区粗放建设、供过于求；另一方面，特大城市住宅用地紧缺、房价猛涨，公共服务和基础设施资源供不应求。用地功能结构与布局失衡，成为城市高效运转的空间阻力。

产生城镇生产与生活结构失衡的原因是重生产轻生活的土地供应模式。存量规划的统筹编制应转变以规模量化为主的管控思路，构建面向"五位一体"高质量发展的综合标准，完善存量规划控制指标体系。

现行土地利用总体规划在指标体系的构建中主要通过城镇用地面积、人均城镇工矿用地规模等强制性指标进行规模管控，对于城镇建设用地效率、内部结构方面的约束相对较少；城市总体规划指标体系中关于城镇建设用地结构的目标指标多作为引导性要求，在下层次规划中往往因为规划调整而出现偏差。

伦敦市在指标体系设置中给出了可供借鉴的经验。伦敦政府通过《大伦敦规划2011》设置了24个关键绩效指标，结合年度绩效考核制度进行分解落实，引导保障存量用地的再开发，民生设施与开敞空间的供给。以"最大限度在已开发土地上进行新增开发"指标为例，其目标值为"年度住宅存量开发维持在96%以上"，同时通过将棕地储备改造等主要区域划定为机遇性增长地区进行优先发展，扩大了住宅供应的空间来源。"开放空间的减少最小化"是年度监测的另一重要指标，以保证开敞空间等公共民生用地不因新的城市发展而减少。借鉴伦敦经验，在今后国土空间规划指标体系中可加入存量再开发比例、民生用地供应比例等强制性指标，保障有效盘活存量用地。

产城融合问题是城镇建设空间内部生产与生活功能失调的另一现实问题。基于传统功能分区的规划理念，城市空间布局中往往过分强调工业、居住、游憩和交通等功能的独立关系和分隔布局。这种单一功能、界限明确的空间模式在过往发展中，缓解了城市各类用地之间的相互干扰和用地混乱，避免由于工业生产对城市居住环境带来的严重污染；同时，有利于临近地块相同功能的联通协作，形成规模发展效益。但是也带来了一大批的"鬼城"和"睡城"，就业与人口分布空间的不匹配，为城市的交通运转带来了巨大的压力。

随着传统工业的更新换代和退二进三，产业用地与其他城市功能用地之间的隔离关系已逐渐弱化，功能与要素的流通融合愈发重要，产城关系、职住平衡也面临着空间布局的转型需求。随着城市功能需求的多样化发展，城市用地的利用特征也逐渐呈现多样化趋势，许多高新技术产业、新型产业用地在选址布局中，更加强调人才的融入性与环境的宜居性。城市的新城新区建设应当突破单一功能分区的规划思路，合理布局生产、生活、办公、服务等综合空间，积极推进产城融合协调发展。

产城融合的推进，一方面在于城市生产用地与生活用地的均衡联动发展，通过完善城市新城、新区等相关功能区块之间的有机联系，强化功能互补区块之间的外部交通条件。强化产业园区规划与城市整体规划的统筹融合，避免就产业区论产业区。将产业园区的规划开发置身于城市功能与空间体系的大框架下，避免"产业孤岛"的出现。加强产业园区周边城镇的结构性引导，通过用地、服务、交通设施的一体化规划，实现城镇空间与产业空间的规划衔接、职住平衡、良性互动。

其次，在产业园区的内部用地中应强化生活服务设施配套，鼓励多元用地功能混合，促进职住平衡。建议结合新型产业的发展特征与用地需求，适当兼容科研设计复合功能，打造"产学城"一体化的创新空间，配备教育、办公、科研、产业、仓储物流、居住、商业、医疗卫生、绿地、道路等多元基本功能。

同时为扶持科技创新型产业的发展，可借鉴硅谷经验，在用地分类标准中设置与创新相关的配套精细土地用途，如家庭办公、商务服务、机械与装备服务、农业研发等，以满足细分土地利用需求，为科技创新产业提供全方位的便利。探索创新产业土地利用与空间管控要求，在空间管控上采用灵活弹性的功能区划体系，可以提高土地利用分区的兼容性，同时为新功能的诞生预留弹性。

除了生产空间功能与布局的失衡问题以外，我国各大城市生活空间内部，同样存在公共服务设施与绿色开敞空间分布不均衡、覆盖不充分的现象。以广州为例，现状文化、养老设施、公园绿地等社区民生服务的15分钟步行可达度，中心城区可达性明显高于外围城区。2016年，广州市市中心城区符合小学500米服务半径的居住用地比例约占67.8%，而外围城区比例仅为48.1%；中心城区文化设施15分钟步行可达覆盖度约为76.5%，而外围东部片区仅为3.1%，公服布局均等化水平亟待优化提升。

基于以人为本的需求导向下，新一轮城市总体规划中，上海、广州等城市均提出了完善多层级公共服务体系，构建15分钟社区生活圈。以生活圈理念为指导，按照居民出行15分钟可达的范围，配备生活所需的基本服务功能与公共活动空间，为居民提供齐备优质的公共服务、住房保障、交通出行及公共空间，形成安全、友好、舒适的复合型社会基本生活平台及社会管理的基本单元。

在15分钟社区生活圈内，重点构建十大类多元化的宜居社区公共服务体系，包括基础教育、医疗服务、托幼早教、福利养老、公共文化、体育健身、公共管理、商业服务、市政公用和物流配送等，满足社区居民日常生活需求。

同时，结合不同服务对象的人口结构与需求特征，对社区生活圈的服务范围与配置重点给出差异化指引。一般来说，城镇社区的服务范围可按照步行15分钟可达，结合街道、居委等基层管理范围进行划定，平均规模在4~6平方公里之间，平均服务半径1~1.5公里，服务人口约3~10万人；乡村社区则应按照慢行交通15分钟可达的空间范围，结合行政村边界划定。

在便民服务的配置重点方面，老城区等配套服务相对成熟、人口老龄化程度相对较高的地区，可结合社区微改造有针对性地进行城市修补，增加养老、托幼等服务设施；城市新区则可采用邻里中心的布局模式，在提升全域公服设施覆盖水平的同时，引导公共服务设施集中布局；外围乡村地区，由于人口门槛规模和消费水平相对城镇地区较低，在社区设施配套标准可参照"美丽乡村"等技术要求，以改善农村生活环境、提升村民生活质量为主要目标。

在开敞空间的补充与挖掘方面，一方面可通过微改造的形式，充分利用现有的交通设施、高架桥底、过大转弯半径等消极空间，适当增设本地绿植、街头小品，定期开展创意市集等公共活动，将大量小规模灰色空间转化为积极有活力的公共空间；同时，积极探索容积率奖励措施，鼓励本地居民及小型开发主体共同参与，建设口袋公园、袖珍绿地等小型公共空间。

在空间规划改革的背景下，以"多规合一"为技术手段的国土空间规划的编制正在探索，新的国土空间规划是在生态文明和高质量发展要求下的改革创新，它必将通过规划理念、思维方式、规划技术等方面的转变与提升，通过全域全要素的统筹回答存量规划如何编制这一核心问题。

第三节　存量规划政策工具的创新

存量规划是现状基础上功能和强度的调整，动态协调多元主体的"二次开发"。由于我国刚转入存量规划阶段，从国家到地方尚未建立与之配套的规划实施管理机制，现有规划政策工具还停留在增量时代，面对错综复杂的存量规划更是难以奏效。

现行刚性控制的规划政策无法满足存量规划的弹性、多元的诉求。目前的规划政策是增量开发导向，注重从无到有的建设用地整体开发，单一的考虑土地使用价值和产出价值，固定的功能和开发强度管理锁定了土地和相关活动带来的价值，开发商除了执行相关规划所付出的规划编制、公共基础设施建设等费用，还需承担动态变化的市场运营风险。

如深圳东周更新单元规划的实施过程中，由于更新单元规划控制内容难以适应和满足开发商投资取向和对基地建设功能设置的要求，对方案进行了多次调整，大大延缓了存量规划的落地实施[①]。另外，面对存量规划中产权关系、空间利用、设施落实、景观环境、经济测算、人文和社会关系脉络遗存等问题错综复杂，现有法定规划体系尚未对存量开发进行系统考虑，城市总体规划对存量空间资源的分区政策、时序安排，以及对下层次的规划指导作用尚未明晰，现有控规管控体系主要为增量开发导向，如刚性的规划指标和形态管控，动态调整困难。增量规划管理以"一书两证"为核心，而存量规划是建成后的开发，既有的审批管理程序尚未涉及。因此整个规划管理体系都缺乏满足存量规划弹性管控的政策工具。

静态的规划管理机制难以处理存量用地多元、复杂的利益关系。现行规划政策中政府垄断了土地开发一级市场，基于公权力的土地征收规则获得土地已不再适用于存量土地。在存量规划过程中，不同主体以各自经济预期"为战"，只看到了土地未来的预期价值，忽视了土地开发过程中公共服务设施、城市空间品质等一次性投资成本，业主在条件低于预期收入时，通过暴力抵抗、漫天要价等维持土地价值，开发商在逐利驱动下，开发强度一再突破。土地开发规则的改变带来新的利益空间需要制定适应的分配规则，现有的政策仍然是基于政府主导的自上而下的增量用地开发模式，难以协调存量开发中不同主体的利益。

另外，利益导向机制尚未成熟，挤压公共利益。存量规划对城市空间功能和强度的再次厘定，必然涉及土地价值的改变。在平衡各主体经济利益的前提下，由于拥有房屋产权的个体和执行改造实施的开发商处于交易垄断的两端，市场主体天然成为交易的主导，政府作为协调者的角色，常常受制于市场两端的开发利益不断做出空间开发强度和功能的妥协，这时存量规划容易沦为房地产导向的增长工具，城市空间使用成本上升[②]。原本存量规划就是为了解决土地财政制度下一次性资金获取所带来的限制，然而政府一味地空间让利，非但没有获得城市空间品质的提升，产生持续的现金流，反而变成一锤子买卖的外延式增量规划改造[③]，政府财税收入减少了，未来潜在存量开发空间也进一步收窄。

顶层设计缺乏统筹，规划实施政策体系系统性、协同性不足。存量规划对象历史情况复杂，产权交叉，还涉及不同政府管理部门的工作计划和安排，需要厘清不同主体权属和空间管理现状。如在旧厂改造过程中，由于大部分为早期划拨用地，土地供应手续尚未完善，使之成为存量开发灰色地带，部分涉及土地还存在污染隐患需要环保部门介入解决。因此多部门联动是存量用地再开发的重要方法。另外，一系列的土地管理虽然都指向存量开发，但缺乏系统性的顶层设计。存量规划工作内容复杂庞大，在开发过程中需要在目标、时序、组织领导、审批、监督等方面系统联动管理，但目前顶层设计缺乏，各部门职责不清，导致协调沟通成本巨大，存量改造推进缓慢。

① 刘晓逸，运迎霞，任利剑. 存量规划的市场化困境 [J]. 城市问题，2018，279（10）：47-54.

② 田莉等，基于产权重构的土地再开发——新型城镇化背景下的地方实践与启示 [J]. 城市规划，2015（1）：22-29.

③ 赵燕菁. 城市化2.0与规划转型——一个两阶段模型的解释 [J]. 城市规划，2017，41（3）：84-93.

现有规划实施政策工具多为增量扩展而设计，难以解决存量规划的利益平衡和协调问题。在规划作为公共政策的大背景下，解决存量规划实施问题，往往需要根据发展条件和方向进行制度设计，制定用地控制方面的政策，运用配套政策与用地控制共同对存量空间进行开发控制指导。因此，存量用地的管理方式更应转向政策机制的创新。

存量规划绝不是限制城市发展或完全没有增量，存量规划的政策工具也不能局限于存量用地的管理，而是要在管理好城市空间增长框架的前提下管理好各类建设空间，增存结合，促进建设空间提质增效。因此，存量规划的政策工具应包含增长管理和存量提质两个方面。

城市增长管理是通过政策工具管理城市空间增长的规模、结构、布局、时序和效率，寻求开发保护的平衡，促进城市空间增长更加集约、紧凑、高效。

20世纪70年代以来，西方国家大城市无序蔓延引起自然资源恶化、空气质量下降、交通拥挤等一系列城市问题，为了控制城市蔓延和鼓励城市集约发展，城市空间增长管理应运而生。城市空间增长管理在西方主要表达为"精明增长"，主要是通过土地、财税、经济等一系列政策，达成经济效率、环境保护、高质量生活和社会公平的有机融合。

在西方增长管理的主要做法包括农地和开敞空间保护、邻里复兴、经济住房和宜居社区的建设等。如美国在进行增长管理的过程中，就曾利用多种政策工具，包括边界设定、税收调节、开发权管理等，形成地方、区域或州层面上的一系列法律与政策措施，其政策特点是统筹各部门事权、规范性政策和激励性政策并举、鼓励公共参与等（表6.1）。但城市增长管理仍然面临一些问题，主要包括如何加强弹性引导区域管理效果？如何调动企业、社团及公民积极参与？如何加强管理后期效果评估和反馈等。

美国增长管理政策工具一览表 表6.1

政策工具	具体内容
边界管理	划定城市增长边界和城市服务边界，前者将城市增长限制在边界以内，后者采用牵引性的政策，在边界内由政府提供资金建设基础设施；增长控制比例
公共土地征收	为保护目的而征收休闲区域、森林、野生动物庇护区、荒野、生态敏感区、绿廊等私人用地
开发权管理	包括开发权购买和开发权转移，保障土地所有者的权益，将城市发展和高强度开发引导至规划设定的区域内
公共设施充足法规	新开发项目必须确保足够容量的道路、给排水、学校等基础设施到位
填充与再开发奖励	如马里兰州规定一个城市可以蔓延至任何地方，但只有在州政府希望开发的区域内，州政府才会提供财政支持；地产拥有人有权不清理自己拥有的地产或者不再对自己的弃置地再开发，但州政府为清理和再开发提供津贴；居民有权力在任何地方生活，但政府为那些在工作地附近购买房屋的人提供补助

政策工具	具体内容
税收调节	对边界内外不同用途的开发设定不同的税收种类、方式和税率
公众参与	向市民展示不同发展方式下的土地消耗状况

（表格来源：根据相关资料整理）

中国面临比发达国家更为严峻的控制城市增长的压力，城市增长蔓延的动力机制、特征与美国不同，蔓延的主体是工业用地，并伴随着城市周边村庄建设的扩张，呈现城市周边低密度开发和城市中心区高密度集聚特征。

2000年以后，一些包含增长管理思想的政策、规划成果开始出现并得到广泛运用，譬如土地规划的"严守18亿亩耕地"政策、城市规划划定禁建区、限建区、适宜区和已建区等。但是，过分依赖规划和空间管制分区手段，忽视了政策工具的使用，影响了增长管理目标的实现。

城市增长管理需要结合中国城市增长的特征，在规划和空间管制分区之外，更加注重制定相应的配套政策工具，以增强空间管理的灵活性和适应性。结合国内外已有的增长管理实践，相关政策工具可以分为边界管理政策、空间引导政策、经济激励政策、空间绩效政策四大类（表6.2）。边界管理政策在前文已经阐述，这里重点论述后面三种政策工具。

城市增长管理政策工具分类　　　　表6.2

类型	政策工具
边界管理政策	划定增长边界，如绿带、城市开发边界等 区域准入、正负面清单管理
空间引导政策	开发权购买和转移 公共土地征用 TOD开发引导 提高新增开发成本 精准供给 弹性预留
经济激励政策	税收调节机制 财政奖励机制
空间绩效政策	用地绩效评价 全生命周期管理

（表格来源：根据相关资料整理）

空间引导政策主要包括开发权购买和转移、公共土地征用、TOD开发引导、提高新增开发成本、精准供给、弹性预留等，目的是引导城市空间增长结构优化，促进增长更加紧凑和集约。

开发权购买和转移是城市空间增长管理中常被采用的产权控制方式，可将城市开发从需要保护的地区引导至适宜建设的地区，如美国通过开发权转移机制促进历史地区、开放空间、农地的保护。国内外研究普遍认为，土地开发权可以与土地所有权分割而单独行使，可以与相等价值的其他财产相交换、完全出售或投机持有。

开发权购买以政府购买为主，实现对开放空间和生态敏感地区的保护。如美国采用国家公园的方式对生态核心保护进行严格保护，就是采用的开发权购买方式。

开发权转移以市场交易为主，政府需要加强监管，重点做好三项工作：一是在规划中设定开发权转出区、转入区，转出区主要为历史保护地区、生态敏感区、耕地保护区等，转入区主要为城市重点开发区和中心区，转入区的划定需要综合考虑基础设施和公共服务设施的承受能力；二是设立转移系数，即转出区与转入区之间开发权的交易系数，需要根据不同的规划目标设定不同的转移系数，例如基本农田和一般农田相比较，应当设置更高的转移系数，以提高基本农田开发的成本；三是建立开发权转移交易平台或转移银行，制定开发权转移规则和监管要求。重庆的"地票"制度、广东省监理的耕地占补平衡交易制度都属于对开发权转移制度的探索。

公共土地征用是政府为保护绿带、公园、森林或其他开敞空间，对其中的用地征为国有，但不转变用途。如美国最大的50个都市区中已有30个运用或正在编制区域性的绿色空间规划，通过征收绿色空间内的私人土地，促进绿色空间的保护，限定都市增长的范围。我国土地征收政策是"征转合一"模式，即征收土地时同步将用地转用为国有建设用地，这种征地模式是从利于建设管控角度出发设计的。在建设用地规模强管控的约束下，城市政府往往不愿意将城市内部大面积的生态用地征收并作为建设用地范畴内的城市公园进行保护和建设，所以不利于城市内部开敞空间的建设。2012年广州市在原国土资源部支持下，首创了"只征不转"的模式，将城市中心的万亩果园湿地保护区（后更名为广州海珠国家湿地公园）征收为国有用地，但保留其农用地的性质，不转为建设用地。万亩果园湿地的保护模式为在城市中保护大面积的绿地和开敞空间进行了有益探索（图6.3）。

TOD开发引导指以区域性公共交通站点为中心，以适宜的步行距离为半径，建设新的空间扩展的集聚点，将基础设施、公共服务向这一地区集聚，引导站点周边的高密度开发，是一种基于"交通—土地利用"一体化的土地开发模式，日本东京、巴西库里蒂巴、丹麦哥本哈根等地区普遍运用这一增长工具。

提高新增开发成本政策包括从配套设施、环境标准等方面制定更高的要求，以提高新增开发用地的成本。其中：足量公共设施要求是一种提高新增用地开发成本的工具，新开发项目必须确保足够容量的道路、给排水、学校等基础设施到位，从而促进新开发项目尽量布局在基础设施较完善的地区；梯度服务设施供应体系也被用来作为增长管理的工具，依据城市空间发展战略，制定

图6.3　广州海珠国家湿地公园（图片来源：广州海珠国家湿地公园实施效果宣传材料）

不同地区在不同阶段的城市服务设施配置标准与建设时序，能有效管理城市开发建设的时序和区位；环境保护管制政策明确环境影响评价标准，从可能引发的社区、环境影响的角度，明确项目可立项标准，不合要求的项目依法限制开发。

精准供给是政府管理新增土地空间配置的手段，需创新土地供应差异化配置制度，建立建设用地优先配置清单，考虑资源环境承载能力、交通区位、城市空间战略、基础设施条件等因素，重点围绕城市战略性地区、轨道交通沿线及站点配置土地，对新经济、新产业、新业态用地和基础设施、教育、医疗等公共服务设施用地均予以重点保障。在精准供给的基础上，应建立弹性预留机制，针对未来发展不确定比较大的地区，设立弹性预留区、战略留白区等，在时序上进行控制。

经济激励政策是政府通过税收调节、财政奖励等机制，引导新增开发向基础设施条件较好的地区集聚。税收调节是与边界设定相配套实施的城市空间增长管理手段之一，如日本通过税收调节机制，对都市计划区内外农地征收差别化税率，对市街化区域内的所有用地，包括农地，征收高土地税，促进市街化区域内的农地的开发。对于绿带、城市开发边界等不同的边界类型，可以通过边界内外不同的税收种类、方式和税率，对边界外的房地产交易和保有征收高于边界内的税费，加大边界外开发的成本，将城市扩展引导至边界内。此外，保护减税也是一种税收调节手段，是指为了鼓励开放空间的保护，对于自愿将土地开发权转移给非营利组织的土地权利人实施减税。财政奖励机制主要用于诱导开发行为进一步向已完成都市化的区域发展，对于在特定都市化区域的开发活动，采取土地成本补贴、税收减免、开发费用减收、低息贷款、区划变更协助等。

空间绩效政策包括用地绩效评价和全生命周期管理等政策工具，是对城市空间增长的使用绩效进行评价和监管、以提高土地使用效率的制度。2014年，国土资源部印发《关于推进土地节约集约利用的指导意见》，明确了集约节约用地的要求，主要从单位GDP耗地率、地均产出、投资强度等方面提出要求。在生态文明和高质量发展的要求，应当建立更加多维的用地绩效评价机制，形成用地面积、产出效率、绿色环保、空间品质等多目标、多维度的评价指标体系，并针对城市不同区域、不同用地类型制定差异化的绩效评价体系，探索用地绩效分区和奖励政策，根据绩效评价情况建立激励机制（表6.3）。

2018 年全国城市集约利用评价　　表 6.3

地区	国土开发强度（%）	建设用地人口密度（人/平方千米）	人口与城乡建设用地增长弹性系数	建设用地地均GDP（万元/公顷）	单位GDP增长消耗新增建设用地量（公顷/亿元）	建设用地地均固定资产投资（万元/公顷）	单位固定资产投资消耗新增建设用地量（公顷/亿元）
全国	6.83	3694.5	0.47	222.2	9.07	152.3	0.82
北京	21.93	6040.0	1.39	692.1	2.48	222.5	0.40
天津	34.77	3769.7	3.47	431.6	2.42	316.5	0.27
河北	11.77	3367.0	0.39	145.0	14.38	127.6	1.06
山西	6.85	3580.1	0.10	131.1	2.65	128.3	0.67
内蒙古	2.04	1695.2	0.27	153.9	5.07	108.1	0.59
辽宁	11.97	2719.3	0.37	156.0	6.30	113.1	0.69
吉林	6.16	2424.8	0.57	140.3	7.37	116.1	0.69
黑龙江	4.20	2405.9	0.75	106.2	6.06	63.4	0.58
上海	36.89	7838.3	0.61	912.8	5.18	206.5	0.95
江苏	21.77	3490.0	0.86	341.7	19.70	201.0	1.21
浙江	14.69	4419.8	-0.68	382.4	-2.42	213.4	1.23

地区	国土开发强度（%）	建设用地人口密度（人/平方千米）	人口与城乡建设用地增长弹性系数	建设用地地均GDP（万元/公顷）	单位GDP增长消耗新增建设用地量（公顷/亿元）	建设用地地均固定资产投资（万元/公顷）	单位固定资产投资消耗新增建设用地量（公顷/亿元）
安徽	14.88	3157.8	-0.18	136.7	7.60	135.8	0.54
福建	8.85	4928.0	0.37	369.9	7.63	257.1	0.68
江西	7.73	3560.6	0.56	143.6	17.63	128.8	0.67
山东	18.01	3496.9	1.12	236.3	9.80	165.6	0.68
河南	16.04	3790.9	0.28	163.3	10.64	141.0	1.07
湖北	9.95	3415.7	0.29	206.1	10.86	162.8	0.86
湖南	8.05	4151.1	0.32	208.1	10.97	153.9	0.81
广东	11.34	5398.1	0.62	420.3	5.43	145.5	0.49
广西	5.19	3921.5	0.54	149.1	15.40	129.5	1.53
海南	15.32	2749.8	0.54	140.3	15.66	130.0	1.02
重庆	8.20	4511.6	0.47	259.9	11.14	227.3	0.99
四川	8.53	4575.8	0.44	199.3	8.42	146.7	0.71
贵州	4.81	5244.9	0.17	208.2	14.48	225.8	1.34
云南	3.53	4351.0	0.35	155.2	18.04	129.2	1.30
西藏	0.27	2548.8	0.44	109.7	91.45	123.5	5.15
陕西	4.61	3999.5	0.29	200.1	10.34	201.7	0.66
甘肃	2.19	2837.6	0.18	81.6	35.45	101.6	1.58
青海	0.90	2722.5	0.76	134.5	20.37	173.2	1.41
宁夏	6.36	2097.8	0.67	110.5	27.48	117.4	1.82
新疆	5.27	2304.3	0.47	153.2	6.58	114.7	1.67

（表格来源：全国城市区域建设用地节约集约利用评价情况通报）

　　全生命周期管理是对建设用地的规划—实施—监管的全过程管控机制，在用地可行性研究、初步设计、土地审批、土地供应、供后监管、竣工验收等环节，严格执行建设用地标准。可基于土地出让合同管理，以土地出让合同为平台，将项目建设、运行质量与综合效益等相关要素纳入土地出让合同管理，通过土地核验、定期评估、诚信管理等，实施全过程监督。建立项目用地与人口、功能、经济产出、生态保护等全要素信息的实时联动监测平台，对建设用地供应后的开发情况实行监管和全面考核。建立多部门、各级政府共同监管机制，综合采用经济、行政、法律等手段，倒逼土地使用权利人，提高土地利用效率。

结合国内外各类增长管理政策工具的实施效果，综合性、经济型的政策组合要比单一的措施收效显著，如使用开发边界管理政策和税收调节政策的组合可以起到很好的效果；同时，增长管理政策工具的使用要因地制宜，刚性和弹性手段并用，并及时进行实施效果的评价和动态调整。

与城市增长管理相比较，存量提质关注的是存量建设用地利用质量提高，包括利用效率、配套设施、环境品质等的提升，是体现高质量发展和节约集约用地的重要内容。

20世纪60年代以来，西方开始关注城市更新研究，大致经历了"整体推倒重建—邻里修复—旧城再开发—城市复兴"等阶段，城市更新发展强调综合协调统筹发展，倡导从单纯的物质环境改造转向社会、经济和物质环境相结合的综合改造，注重在改善空间环境的基础下，同时解决社会问题、经济问题的小规模、渐进式更新，同时注重公共利益的保障。

东亚城市普遍面临人多地少、建设空间紧张的问题，在存量提质政策方面探索出许多先进经验。例如：新加坡倡导多功能的城市更新，打造商务、商业、居住、体育、文化等多功能中心；韩国首尔通过生态复原带动城市复兴；中国香港制定"连系地盘"策略，将不同区域的利润不佳项目和利润较好项目"捆绑"；中国台湾通过区段征收、市地重划、城市更新单元划定等手段实现城市更新由点到面的转变；日本东京则划定城市再生特区、土地区划整理以引导城市更新的片区合作。

国内关于存量提质的政策主要经历了三个阶段：第一阶段（2007—2012年）是"三旧"改造阶段，以地方探索为主，2007年6月，广东省佛山市下发《关于加快推进旧城镇旧厂房旧村居改造的决定及3个相关指导意见》，成为全国第一个明确提出"三旧"改造的城市。2008年12月，原国土资源部和广东省启动联手共建节约集约用地试点示范省工作，提出了"三旧"改造政策创新，如广州、深圳等城市针对低效地再开发制定了"城市更新办法"，划定城市更新规划区，采取综合整治、功能改变或者拆除重建等手段对低效地进行再开发。

第二阶段（2013—2015年）是城镇低效用地再开发阶段，以省级试点探索为主，2013年2月，国土资源部制定了《关于开展城镇低效用地再开发试点的指导意见》（3号文），确定内蒙古、辽宁、上海、江苏、浙江、福建、江西、湖北、四川、陕西等10个省份开展城镇低效用地再开发试点，如宁波市对城镇低效用地和在"三改一拆"中计划实施改造、已拆除建筑物的土地进行再开发利用，长沙市调整盘活和提升利用开发园区低效用地。

第三阶段（2016年以来）是城市更新阶段，以国家层面深入推进为主，2016年11月，国土资源部印发《关于深入推进城镇低效用地再开发的指导意见（试行）》的通知（147号文），明确城镇低效用地再开发的规划统筹、激励机制等。从政策的脉络来看，我国城市更新从单纯政府主导模式逐步走向政府引导和多主体参与、多元改造模式，并从政策层面不断探索加强规划统筹和成片改造、鼓励产业转型升级、加强公共设施和民生项目建设的方法（表6.4）。

国内存量用地再开发政策演变脉络　　　　　　表6.4

阶段	政策特点	主要政策
第一阶段（2007-2012年）："三旧"改造	1．政府主导 2．以旧城镇、旧厂房、旧村居为主 3．全面改造为主	1．2007年佛山市《关于加快推进旧城镇旧厂房旧村居改造的决定及3个相关指导意见》 2．2009年广东省《关于推进"三旧"改造促进节约集约用地的若干意见》（78号文） 3．《广州市关于加快推进"三旧"改造工作的意见》（穗府〔2009〕56号） 4．2009年《深圳市城市更新办法》
第二阶段（2013-2015年）：城镇低效用地再开发	1．多主体改造 2．多样化改造模式 3．内涵延伸到城镇低效用地 4．激励政策	1．2013年国土资源部《关于开展城镇低效用地再开发试点的指导意见》（3号文） 2．《上海市城更新实施办法》（沪府发〔2015〕20号） 3．《江苏省关于促进低效产业用地再开发的意见》（苏政办发〔2016〕27号） 4．《浙江省关于全面推进城镇低效用地开发工作的意见》（浙政发〔2014〕20号） 5．《杭州市人民政府关于实施"亩产倍增"计划促进土地节约集约利用的若干意见》（杭政〔2014〕12号） 6．《武汉市关于加快推进三旧改造工作的意见》（武发〔2013〕15号）
第三阶段（2016年以来）：城市更新	1．政府引导、多主体参与 2．内涵延伸到广义的城市整体更新改造 3．规划统筹，鼓励集中成片开发 4．鼓励产业转型升级 5．加强公共设施和民生项目建设 6．规划和土地激励政策	1．2016年国土资源部《关于深入推进城镇低效用地再开发的指导意见（试行）》的通知（147号文） 2．《广东省关于提升"三旧"改造水平促进节约集约用地的通知》（粤府〔2016〕96号） 3．2016年《深圳市关于加强和改进城市更新实施工作暂行措施》 4．2017年《广州市人民政府关于提升城市更新水平促进节约集约用地的实施意见》

（表格来源：根据相关资料整理）

　　但是，国内存量用地再开发普遍面临以下问题：一是缺乏规划统筹，城镇低效用地再开发的专项规划缺位；二是项目分散，再开发项目的时序安排通常较为随意，地方对于再开发工作重数量、轻质量；三是缺乏差异化的实施政策工具，缺乏利益统筹机制和激励机制，原产权主体的积极性不够。特别是存量提质政策工具缺乏，成为存量用地开发的关键薄弱环节。结合国内外存量用地开发和城市更新的经验，针对现有政策工具的不足，需要重点关注土地整备、规划统筹、空间置换、利益协调、公益保障、市场激励六个方面的政策工具（表6.5）。

存量提质政策工具分类 表6.5

类型	政策工具
土地整备政策	1. 城市更新区：整合归宗、空间置换模式 2. 乡村整理区：土地整理、异地集中模式 3. 产业整备区：地块整合、统一配套模式 4. 公益项目整备区：市地重划模式
规划统筹政策	1. 完善存量规划体系 2. 建立多元更新改造手段 3. 增加规划弹性和奖励机制 4. 统筹规划管理机制
空间流转政策	1. 集体建设用地入市 2. 跨区域流转合作开发 3. 地票和房票
利益协调政策	1. 明确政府角色，制定制度规则 2. 建立多主体合作开发机制 3. 建立增值收益分配规则
公益保障政策	1. 刚性控制公益性用地 2. 提供公益性用地奖励政策 3. 公益性项目和更新项目捆绑改造模式
市场激励政策	1. 创新土地供应方式和差异化地价标准 2. 建立财政税收激励机制 3. 建立新型产业导入机制 4. 制定存量再开发监管机制和绩效激励机制

（表格来源：自绘）

土地整备政策是针对空间分布零散、权属复杂的存量建设用地，通过整合归宗、空间置换、政府收购、增减挂钩等机制，实现空间整合和规整、空间区位的腾挪优化，提升低效建设用地开发价值的一种政策工具。根据我国城乡存量建设用地的类型，可以划分为城市更新区、乡村整理区、产业整备区、公益项目整备区等不同的存量政策区，实施差异化的土地整备政策。

城市更新区一般位于城市老旧建成区，面临功能衰败、设施不足、权属混杂、利用低效等问题，如旧城镇、旧厂房、城中村等。积极探索整合归宗、土地作价入股、空间置换、国集统筹等土地整备模式，重点是对分散土地资源进行整合，划分改造单元，市场主体可以收购相邻多宗地块，推进存量用地成片连片整备；统筹国有和集体建设用地，开展土地整理与空间置换，出台建设用地置换办法，提供"集体与集体、集体与国有、国有与国有"之间的建设用地等价值置换的实施路径，实现零散用地的归整与成片连片改造；可安排适量增量用地指标，填补零散用地（如边角地、夹心地、插花地等）的农转用需求，以少量新增用地指标撬动成片存量用地的二次开发。

乡村整理区位于城市外围的乡村地区，面临分散建设、宅基地闲置、工业用地零散等问题。重点探索土地整理、以减定增、异地集中的土地整备模式，开展农村地区存量用地整理工作，将整理出的节余建设用地规模进行异地集中，保障重点地区的集中开发建设，所需用地指标需要"以减定增"，通过建新拆旧和土地整理复垦等措施，保证项目区内各类土地面积平衡。如上海以郊野公园、市级土地整治项目等为平台，全面推进外围特定区域工业企业的关停搬迁，探索多元安置路径和宅基地自愿有偿退出机制，通过跨村归并、城镇安置等方式推进农民集中居住，完善乡村民生设施。积极探索土地征收与旧村改造捆绑模式，通过改造促进征收。探索集中建新区和拆旧区村村联合的集体土地股份化，通过土地面积入股，共同分享土地增值收益（图6.4）。

产业整备区一般指城市边缘分布零散的工业用地、村级工业园等，面临产业层次低、效率低下、土地闲置等问题。需要由政府主导，与产权人或集体经济组织签订协议，通过地块整合、基础设施配建、统一招商引资等手段促进零散产业用地集聚和产业结构升级。国内比较典型的案例是佛山市南海区对村级工业用地的整备，创新托管模式，在不改变集体土地属性的前提下，由政府土地整备中心出面对低效用地进行托管，通过土地前期整理、配建基础设施后，统一开发、统一入市，并与农村集体组织以及村民共同分享土地经营收益。

公益项目整备区是指政府为建设道路、公共设施、市政基础设施等公益性项目，通过对存量建设用地的整备，获取政府储备用地。市地重划模式比较适合这一类型，由政府牵头，与原有产权人、村集体等共同协商，根据权益面积和经济测算，重新调整用地权属，实现零散地块的规整，政府获得基础设施建设、公共设施配套用地，原有产权人的用地更加规整和利于开发。深圳市的利

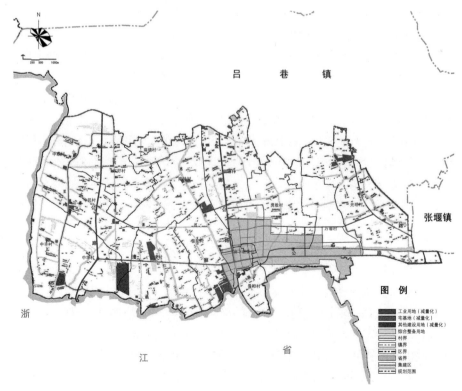

图6.4　上海郊野单元（图片来源：《上海市金山区郊野单元规划（2014—2020）》）

益统筹土地整备就是这一模式的代表，以同一原农村集体成片区域为对象，在保障45%的用地移交政府用于公共设施项目和经营性用地出让的前提下，集体土地按照一定规则在政府和农村集体之间进行分配，通过空间整合及腾挪，实现政府储备土地和农村集体留用地在空间上相对规整，原农村社区获得土地整备资金以及留用地，政府获得公共基础设施用地以及产业发展用地，农村集体可留用地、收益分成、物业返还等补偿方式。

规划统筹是存量用地提质增效的重要手段，现有的规划工具主要面向增量发展，需要建立适应存量用地管理的规划管控工具，主要包括完善存量规划体系、建立多元更新改造手段、增加规划弹性和奖励机制、统筹规划管理机制等方面。

在现有法定规划体系的基础上，建立纵向衔接、分级传导的存量规划体系，包括"专项规划—片区策划—单元规划—实施计划"，实现从宏观调控到微观实施的规划统筹。

专项规划要明确存量用地改造的总体目标、原则、空间范围、重点片区划分、改造方式、实施计划等，是宏观层面的指导性规划；片区策划落实专项规划要求，针对存量用地改造的重点片区，统筹各类存量用地改造、产业策划、施提升、环境改善、经济测算、社区建设等，推进成片连片改造，重点是保障公共空间的统筹落地，维护公共利益；在片区策划基础上进一步划分存量用地改造的基本单元，单元要达到一定的用地规模门槛，以推进相对成片的改造，编制控制性详细规划深度的单元规划，明确公共配套、道路、市政设施、开发强度等规划控制要求。在此基础上，进一步制定年度实施计划，明确项目计划、资金安排等，形成滚动推进的规划机制。

在存量规划体系的基础上，要注重多元更新改造手段的运用，结合上海、广州、深圳、佛山等地的经验，更新改造手段包括全面改造、微改造、功能置换、复合式更新等多种模式。全面改造是以拆除重建为主的更新方式，主要适用于城市重点功能区以及对完善城市功能、提升产业结构、改善城市面貌有较大影响的城市更新项目；微改造一般是用于老旧小区、城中村；功能置换是在保留现状建筑的前提下，改变建筑物的使用功能，使其更加适应新的发展要求，一般适用于老旧商业建筑、旧厂房等；复合式更新是融合功能改变、加建扩建、局部拆建等多种方式于一体的更新模式，一般适用于旧工业区、旧厂房等。

由于存量用地一般面临产权复杂、改造成本高、设施配套不足等问题，增加规划弹性是较为重要的规划政策工具，在保障公共利益的前提下，适度放宽规划管制，探索弹性容积率和规划奖励机制，例如，对于小尺度的旧工业区、旧商业建筑改造，实行"基础面积+转移面积+奖励面积"机制，基础面积根据规划标准确定，转移面积为通过开发权转移增加的面积，奖励面积为产权人通过提供开敞空间、公共设施而获得的奖励，需要制定转移面积和奖励面积清单；此外，探索混合用地和混合出让，明确存量用地的"主导功能"和"兼容功能"，制定用地性质兼容表，规定主导功能的配比要求，制定混合出让的地价计算标准。

统筹存量用地的规划管理机制，对存量用地再开发利用项目进行专项审批，简化相关审批流程；探索建立存量开发分类管理制度，对不同开发模式设定分类表单和审批标准，实现审批流程规范化、标准化；构建统筹联动机制，成立存量用地规划和开发统筹管理机构，将自然资源、住建、工信、发改、环保等部门有机组织起来，通过一站式服务、并联审批、压缩办文时限等方式，打通存量用地再开发的关键环节。

空间流转政策工具主要是重点解决城乡二元产权固化的问题，通过赋予集体建设用地完整的产权权能，激活空间零散、区位偏远、利用低效的集体建设用地潜力。相关政策工具包括集体建设用地入市、跨区域流转合作开发、地票和房票等。

探索多元化的集体建设用地入市模式，健全集体经营性用地流转市场、流转平台、监管机制，做到集体用地与国有用地同等入市、同权同责，保证集体经营性用地使用权可抵押贷款。针对尚未完善用地手续且符合规划的集体经营性用地，探索政府与农村集体协商分成的入市方式。探索城中村存量房屋规模化租赁模式，引进企业整体运营建设租赁式住房。盘活乡村存量建设用地，利用空闲农房、宅基地探索发展乡村旅游等。

针对偏远地区的闲置集体建设用地，有三种空间流转模式可以借鉴：一是跨区域流转合作开发模式，2018年浙江省出台《关于推进村级集体经济"飞地"抱团发展的意见》，突破地域限制，将政府分配的集体经济薄弱村扶持资金、存量建设用地等资源集中配置到条件相对优越的"飞地"，发展跨县、跨市的"飞地"抱团项目，由政府和开发区平台统一运营，跨县域的项目，可由输出县落实建设用地指标及耕地占补平衡指标，实行开发运营收益分红。

二是地票、地券模式，2017年，佛山市南海区政府印发《佛山市南海区地券管理暂行办法》，土地权利人自愿将其建设用地按规定复垦为农用地后，依据城乡建设用地增减挂钩相关政策形成的建设用地指标将作为地券在全区范围内使用，所腾指标用于适合改造区域的产城建设，地券制度提供建设用地与非建设用地空间腾挪的技术路径，实现用地的集中布局与高效发展；同时，地券可用于流通交易、抵扣商品房购房款、置换年度建房指标、作为抵押物向银行申请贷款等功能。

三是房票模式，其实质是探索不同地区间的开发权转移，如土地权利人将其房屋进行拆除和复垦复绿的，按照一定比例形成开发权指标，可与经营性项目改造指标相挂钩。

利益协调机制的建立是存量用地再开发的关键环节。利益协调机制要合理界定产权人、政府、企业、公众之间的关系，通过制定清晰的合作架构和制度规则，来协调各个主体之间的关系。

建立多主体合作开发机制，鼓励原土地使用权人、集体经济组织、市场主体等参与再开发，允许原国有土地使用权人通过自主、联营、入股、转让等改造开发，如浙江对于原土地使用权人自行开发的，允许通过翻建、改建、扩建厂房等方式，提高土地产出效益，或者通过企业兼并重组、用地者联合再开发等方式引进市场主体改造；探索集体建设用地采取自主、联营、入股等改造开发方式，如上海、广东等地城中村的集体经济组织自行改造模式，以农村集体经济组织为改造主体，可引入合作单位共同改造，经营性土地可采取定向挂牌方式出让，或者农村集体经济组织可主动申请将其所有土地转为国有建设用地，鼓励自行组织改造或与有关单位合作开发建设；此外，对于土地权利人自身无力或不愿实施改造的，也可将土地交由政府组织实施改造，获取相关补偿安置，如广东、浙江的低效工业用地再开发中，可通过政府主导的土地收购储备方式进行改造。

利益协调主要是围绕着产权人、政府、企业之间的成本收益协调展开，建立增值收益分配规则，运用规划、土地、资金、产权等政策工具统筹各方利益。政府可根据实际情况和经济测算结果，通过调节项目地价计收比例和公益用途用地移交比例，保障合理的利润空间。推进存量用地补偿同地同价，按照"不同改造情形下所获取的收益大体相当的基本原则"，以"同用途，一口价"的思路设定原土地使用权人的基准权益，合理分享土地增值收益、适当负担市政配套支出。政府要改变以往增量规划一次性收取土地出让金的模式，通过存量用地改造，推动产业升级、环境改善，吸引更多的优质企业，带来持续的税收来源。

存量规划中，政府要坚守好公共利益的底线，制定公共利益保障机制。在存量规划中，刚性控制公益性用地，合理分配经营性用地，例如，深圳市在城市更新单元规划中，确保大于3000平方米且不小于拆迁范围用地15%的面积，用于建设道路、学校、医院、公交场站、公共绿地等城市公共设施；对参与改造开发并提供公益性设施或城市公共空间、保障性住房、历史文物保护的改造项目，实行容积率奖励或异地补偿等奖励政策，改造项目的立项优先安排；采取公益性项目和更新项目捆绑改造模式，公益性、低营利性项目可结合较大型营利性低效用地项目进行整体单元开发，做到营利性项目分摊公益性项目成本，公益性项目提升片区价值的良性关系。

为发挥市场力量在存量再开发中的主体作用，要建立存量再开发的市场激励机制，通过制度设计减少存量土地流通的交易费用。

探索土地供应激励政策，创新土地供应方式和差异化地价标准，改造开发土地需办理有偿使用手续，符合协议出让条件的，允许依法采取协议方式，如广东对于原土地使用人申请改造并制定改造方案，可采取协议方式补办出让手续；对于原土地使用权人改造低效产业用地实现产业升级的，采取地价优惠政策，如温州对于在不改变土地使用功能的前提下，鼓励原国有土地使用权人对工矿厂房、仓储用房进行改建、扩建、拆建及利用地下空间，提高容积率的，不再增缴土地出让金；创新补交地价形式，允许通过移交部分用地面积给政府，抵扣补交地价款以及分期补交地价款，降低再开发门槛，如上海对于零星工业用地可通过存量补地价方式自行开发，但要向政府无偿提供不少于10%建设用地用于公益性设施、公共绿地等建设，或不少于15%地上经营性物业产权无偿提供给区县政府相关部门。

建立财政税收激励机制，对于利用低效建设用地、旧建筑、旧厂房改造发展新型产业、新兴业态的，采取税收减免政策，或提供一定的财政补贴，如纽约市加入州级棕地治理的项目能够获得州政府的税收抵免，纽约政府鼓励州议会通过立法来稳定州棕地清理项目提供的税收抵免，为保障性住房和工业发展项目提供税收抵免通道，降低棕地的清理成本。政府牵头成立存量用地再开发基金，用于扶持存量再开发项目，如纽约市政府投入1500万美元作为公共及私人运转资金，向开发商提供低于市场价的利率，降低棕地污染治理的费用。

建立新型产业导入机制，促进产业升级，变一次性土地出让金为长期持续的税源。如广州市规定利用现有工业用地，兴办先进制造业、生产性及高科技服务业、创业创新平台等国家支持的新产业、新业态建设项目的，继续按原用途使用5年；实行差异化的产业用地政策，利用低效产业用地不改变用地性质进行改造升级，兴办科技企业孵化器、众创空间以及其他承载文化创意、电子商务、现代服务业等创新型经济的创新空间，政府提供用地支持。

制定存量用地再开发的监管机制和绩效激励机制。对再开发存量用地签订产出监管协议，纳入土地供应合同，按期对完成情况进行评估考核，加强出让合同违约责任监管，对未完成目标的存量再开发项目，制定评估和逐步推出机制。建立存量土地利用绩效评估制度，精准落实责任部门及个人，将人事提拔、增量指标配套等与存量用地管理与提质增效绩效相挂钩，促进责任意识的培养和工作效率的提升。

小范围填充式、修补式的更新改造是存量用地结构调整的主要操作模式。与新增建设相比，存量用地结构优化的另一难点在于功能置换空间的限制性。纽约作为全美人口最多，城市开发密度最高的地区，历版规划中针对土地供需矛盾、公共空间缺乏等问题所采取的一系列措施，包括棕地开发挖潜、小地块填充开发、口袋公园计划等，为我们提供了有益的参考。

针对以往工业用途残留污染的棕地，纽约政府先后在2007年、2008年成立了棕地规划和开发管理办公室、棕地修复办公室，整合了以往多部门分散的棕地管理模式，并明确了州、市两级棕地清理项目。2015版纽约城市规划《一个富强而公正的纽约》再次明确提出了近五年棕地治理目标指标，并对保障性住房和工业发展项目提供在立法中明确提供税收抵免，鼓励社区和开发商共同投资清理棕地。至2017年通过棕地自愿清理项目和棕地奖励津贴项目，共计修复了577块棕地，同时确定了60个保障性住房项目，实现了挖掘棕地开发潜力与缓解住房供应压力的双赢。

在存量住房规划方面，纽约政府针对城市内部零星空地和未充分利用地块，推出了小地块保障性住房建设项目，由纽约政府通过土地补贴、低租金、低息贷款等方式，鼓励小型开发商、社区开发公司或NGO进行填充式开发建设，并要求住房单元中须有三分之一为保障性住房或租赁性住房。

为解决公共空间不足问题，纽约市在建筑物架空层、低层高速道路和火车线路下方见缝插针地进行立体绿化建设；同时在纽约分区规划中提出了公共空间容积率奖励制度，提供城市公共设施、绿地广场的建筑开发者，可以获得提高容积率、增加建筑面积的奖励，由此在市区内建成了数百个各具特色、步行可达的口袋公园。

第七章　构建有序体系：基于事权的 规划传导

全国统一、相互衔接、分级管理的空间规划体系是实施"多规合一"的根本保障。把握央地关系"行为联邦制"特征，构建"一级政府、一级规划、一级事权"国土空间总体规划纵向关系，加强总体规划对专项规划约束指导作用，是在落实国家意志基础上，促进地方发展的关键环节。

第一节　国家意志与地方事权的对话

规划是政府推进空间治理的重要公共政策。《生态文明体制改革总体方案》中提出建立"全国统一、相互衔接、分级管理的空间规划体系"。空间规划体系是由不同层级、不同类型规划构成的一个复杂体系。在空间规划体系中，理顺纵向事权，实现分级传导是不同层级空间规划上下协同的关键。理顺规划纵向传导关系不是一个新命题。在目前现有的各类空间性规划体系构建过程中，如何进行有效的规划纵向传导一直是一个热点话题。

在我国实行分税制改革之后，地方政府在发展过程中越来越依赖土地开发和土地财政，而中央政府通过对建设用地规模控制和中心城区用地监管和用地审批加强对地方发展进行调控。规划纵向传导时上下位规划之间在用地规模、空间布局的矛盾实际上位建设用地规模博弈过程中的具体体现。土地利用总体规划、城乡规划等空间性规划在规划纵向传导体系构建过程也在不断探索解决之道，但也在不同程度存在一定问题。

土地利用总体规划采用"自上而下"指标分解落实作为规划纵向传导的重要方式。这种传导方式在数量上保障了规划上下一致性，但是在空间上却不能保障上位规划空间管控措施的有效落实。而且由于过分强调数量的传导，许多地方在规划过程中为保障数量目标落实上位规划要求，有时会牺牲空间布局的合理性，将有指标严控要求的用地，如建设用地、基本农田等布局得十分零散，甚至破碎；还有些地方为在上级下达的数量指标和地方用地需求之间寻求协调，会不考虑规划实施的可能性，有意加大建设用地复垦用地数量。以上这些行为都严重地影响了土地利用规划的科学性。所以在规划纵向传导过程中如何将数量控制与布局引导良好地结合起来是我们需要注意的问题。

各级城乡规划的纵向传导方式没有过于明确的规定。国家省层面的城镇体系规划由于缺乏或者强制性不足，城市总体规划往往对上位规划的落实不够。

从地方需求出发编制城市总体规划的现象比较普遍。为加强对城市总体规划管控，城乡规划审批部门特别强调了对城市总体规划强制性内容的要求，试图通过对规划强制性内容的审查来约束城市总体规划编制内容，解决上位规划缺位或强制性不足的问题，同时又利用城市总体规划强制性内容的实施约束下位详细规划编制和实施。因此我们可以这样理解，城市总体规划主要是通过强制性内容审查和实施实现上下位规划传导和衔接。

但是由于城市总体规划中强制性内容较多，在向下位详细规划传导过程中缺乏适度弹性，常常面临传导失效的问题。如在建设用地控制方面，很多城市控制性详细规划规划的建设用地范围常常大于已审批的城市总体规划的建设用地范围；在具体的建设用地用途管控方面，由于城市规划用地分类标准采用"大类—中类—小类"逐步细分方式，实现从总体规划到详细规划的规划用途传导，但由于大中小地类间是一种完全的对应关系，传导刚性过强，往往造成总控用地矛盾、相互不衔接。另外，在规划强制性内容中，《城市规划编制办法》中提出的"土地使用强度管制区划和相应的控制指标（建设用地面积、容积率、人口容量等）"等内容显然超出了总体规划的深度，部分内容达到了详细规划的深度，规定的内容过于细致；而"城市各类绿地的具体布局，文化、教育、卫生、体育等方面主要公共服务设施的布局"等内容规定又不够细致，对于"各类绿地"、"主要公共服务设施"等表述缺乏准确的界定。以上这些问题常常导致总体规划实施过程中出现较大的偏差，下位规划指标加和的数量远超上位规划的现象时有发生，这也是政府管理者对城市总体规划的主要诟病之一。

因此，在空间规划体系构建过程中，如何既能体现"上级为纲下级为目"的规划层级之间的责任关系，同时又能考虑地方政府利益诉求，通过刚弹结合的方式，保障数量与空间上各规划层级间的良性互动是我们应该优先考虑的。

除上面的问题之外，目前各类空间性规划还普遍存在的一个现象是规划编制的空间层次（或者说编制范围）与实施规划的政府实际规划管理事权范围对应性不足的问题。这个现象的产生是由于中央政府与地方政府之间对规划管理事权博弈引起的。前文讲过中央政府通过对建设用地规模控制和中心城区用地监管和用地审批加强对地方发展进行调控，因此中心城区范围划定也成为中央政府和地方政府在土地发展权方面的博弈关系的集中体现。

按照我国《城乡规划法》要求，空间规划体系的构建应遵循"一级政府、一级规划、一级事权"的基本原则。规划作为政府的重要职能，在编制和管理的过程中不能超越其行政辖区和法定的行政事权。城市总体规划编制分为市域—规划区—中心城区三个层次，其中市域范围以编制城镇体系规划为主要内容，规划区层面以划定"三区四线"为主要管控手段，中心城区重点确定建设用地空间布局和土地利用性质，并作为实施督察的依据。但是由于上级政府对中心城区监管逐步严格，很多城市在编制规划时，基于对地方发展权的保护，往往将中心城区特意划小使得城市总体规划划定的中心城区范围并不等于城市规划实际管理的范围。

再看一下土地利用总体规划的情况。按照土地利用总体规划的编制要求,其编制分为市域—中心城区两个层次,市域范围主要通过土地利用调控指标分解和划定功能分区来实现宏观层面的空间布局引导;中心城区重点进行土地利用控制,划定土地用途分区,制定用途管制规则。中心城区的用地报批要上报原审批机关,因此很多地方为减少报批环节、缩短报批时间,在划定土地利用总体规划中心城区范围时与城市总体规划的思路想法一致,也是特意划小,而与城市土地管理的实际管理范围不对应。

规划空间层次与政府的规划管理事权范围的不对应的核心原因是地方政府对空间管理事权的需求与愿望,是利益驱动下的产物。但是这种利益驱动产生的规划范围会造成规划管理事权划分变形,增加规划实施监管难度。因此规划管理权限的分层设置是合理解决问题的关键。

影响我国空间性规划纵向传导的另外一个关键因素是规划督察制度。规划督查制度实际上是上级政府为保障国家规划意志的有效落实,防止规划在纵向传导和实施过程中变形而采用的一种强制性监管措施。在我国各类空间性规划传导实施过程中,国土和城乡规划部门都建立了督察制度,但是由于规划事权分层不清晰,在取得了一定督察效果的同时,也产生了很多的问题。

土地督察产生于2006年。这一年国务院办公厅下发了《国务院办公厅关于建立国家土地督察制度有关问题的通知》(国办发〔2006〕50号),明确规定了土地督察机构的法定职责。与此同时,随着3S(遥感技术RS、地理信息系统GIS、全球定位系统GPS)技术成熟运用,国家可以实现对地方实时影像的快速获取,为高精度可视化监管提供了技术支撑。督察制度的建立加大了地方政府对规划的重视程度,也成为国家意志与地方事权对话的焦点领域。

2010年住建部下发了《关于开展2010年派驻城乡规划督察员工作的通知》(建稽〔2010〕138号),住建部门也下派了城乡规划督察员,开展城乡规划的督查工作(表7.1)。

土地督察与城乡规划督察工作对比表 表 7.1

土地督察主要督察责任	城乡规划督察主要责任
1．监督检察省级以及计划单列市人民政府耕地保护责任目标的落实情况; 2．监督省级以及计划单列市人民政府土地执法情况,核查土地利用和管理中的合法性和真实性,监督检查土地管理审批事项和土地管理法定职责履行情况; 3．监督检查省级以及计划单列市人民政府贯彻中央关于运用土地政策参与宏观调控要求情况; 4．开展土地管理的调查研究,提出加强土地管理的政策建议	1．城市总体规划、国家级风景名胜区总体规划和国家历史文化名城保护规划的编制、报批和调整是否符合法定权限和程序、省域城镇体系规划的要求; 2．近期建设规划、详细规划、专项规划等的编制、审批和实施,以及重点建设项目等的行政许可,是否符合法定程序、城市总体规划等相关规划强制性内容; 3．"四线"和城市总体规划强制性内容的执行情况;影响规划实施的其他重要事项

(表格来源:根据相关资料整理)

对比两个规划督察情况，我们可以看到，从督察内容来看，土地督察逐步形成了以例行督察、审核督察和专项督察为核心，以督促落实耕地保护目标责任制和中央土地调控政策、严格土地执法、开展调查研究与土地管理形式监测预警为主要内容，以在线督察为主要技术手段的业务体系；而城乡规划督察除了强制性内容以外，还包括了程序督察和受理举报，更强调规划编制、审批、实施的全过程监管与合理性分析。

从督察的效果来看，由于规划管控要求没有针对事权进行分层设置，而技术手段又提供了高精度监管的可能，上级政府对于监管内容、深度、规则不是十分明确，"上下一般粗"的规划管控与督察方式很容易导致地方政府无所适从，往往出现"一管就死，一放就乱"的现象。

土地督察与规划体系配合相对较好，以镇级土地利用规划成果作为督察依据，保证了审批依据与督察依据的一致性，纵向传导完成情况较好。首先，在耕地资源保护监督方面，土地督察紧跟中央宏观政策，强化了中央政府对土地等公共资源的统筹调控与利益保障；在用地审批与违法建设管控方面，有效制约了地方政府发展权力的过度扩张和非法批地用地行为；在土地行政管理方面，起到了联系国家与地方管理部门的传导协调作用。然而，由于规划编制内容的限制，土地利用总体规划督察职责重点在于指标和政策，在空间管控方面则稍显刚性简单，缺乏关于空间格局优化，规划编制全过程方面的相关内容。

而城乡规划督察由于规划体系中总控传导的不力，往往容易出现规划实施"偏差"问题。城乡规划督察通过借用卫星遥感技术对城市总体规划中的强制性内容，如"三区四线"、中心城区的土地利用等进行周期性监测，以掌握规划实施建设过程中出现的图斑偏离。在"总体规划—控制性详细规划—规划许可—建设实施"的过程中，督察依据是市级总体规划的土地利用布局，而实际建设却以控制性详细规划作为审批依据。最末端的实施与最前端的总规不一致，城市规划主管部门就有责任解释为何出现"偏差"，以及在哪个环节导致了"偏差"；然后由督察员对这种偏差是否"合理"进行判断。但如何对这些"偏差"是否合理、合法进行"裁量"？督察部门是否具有这种"裁量权"？如果不具备这种"裁量权"的话，又通过何种制度来处置这种"偏差"？上述问题在城乡规划督察之中均没有进行明确的回答。

土地督察与城乡规划督察基于不同的规划层级与传导体系而建立，各有所长也各有所短。土地督察与规划体系的对应关系相对较好，市、县、乡镇级土地利用总体规划在内容划分与传导方面相对顺畅，针对土地利用的监督管控更具有执行力。但从监管模式上看，城乡规划督察更贴近地方，构建了国家与地方沟通反馈的桥梁，而土地督察更趋向于自上而下的检查与督办，刚性有余但弹性稍显不足。

规划督察制度对规划纵向传导提供了保障，也提出了要求。督查的核心是国家空间管控意志的落实，这必然要求规划纵向传导过程中必须能保障国家要求的层层落实，否则督查将无法落实；另一方面，督查如果内容过多、措施过于刚性，也会使得地方寻找基于督查规则的博弈空间，如前文提到的为减少督查范围和报批用地范围，有些地方政府将中心城区划小等，这些都会影响规划实际实施效果。

规划纵向传导关系体现的是国家意志与地方事权的对话，空间规划在纵向传导的问题会严重影响各层级政府在发展事权方面的良性互动关系。所以规划纵向传导过程中与规划督查相协调的刚性与弹性结合方式，是规划纵向传导过程中的重要命题。

构建良好的规划纵向传导关系对空间规划体系构建具有重要意义。良好的纵向传导关系既要保障中央和省级层面的刚性管控和统筹力度，又要充分调动和发挥地方政府在规划实施中的积极性和能动性。其中，协调中央与地方的关系成为体系构建中的重点，也是难点。遵循"谁编制谁实施，谁审批谁监督"的原则，在城市空间治理中，国家和省级政府主要承担监管主体的职责，而地方政府主要承担规划组织编制和实施职责。在空间规划体系改革过程中，需充分把握这一特征，才能走出一条上下协同的空间资源"善治"之路。

政府事权是依据政府职能产生的，通过法律授予的，管理国家具体事务的权力。[①]从理论上和法理基础上讲，中国是单一制的国家，地方政府是中央政府或者上级政府的派出机构。但是在实际操作层面，在改革开放之后，为了促进经济增长，中央政府下放部分权力到地方，使中央与地方关系呈现一种"行为联邦制"的特征。所谓"行为联邦制"，郑永年给出的定义是"这是一种相对制度化的模式，它包括了中央和各省之间一种显性或隐性的谈判。谈判中的一个要素是：各省得到的某种利益是制度化的或特定的。而作为回报，省级官员们保证，他们将代表中央以特定的方式做出行动"。[②]

改革的力量依靠地方和社会。在中国前四十多年的改革中，改革的动力一直是通过不断处理地方放权过程中推进的，在放权的过程中，地方受经济利益和政绩考核的影响，片面强调发展，往往忽视社会制度的建设；在管理过程中受精英政治观念的影响，缺乏人文关怀；管理方式也相对简单粗暴。

当前，政府间事权分配的随意性导致各级地方政府出现了严重的财力与事权不匹配的情况，进而成为地方债务膨胀的一个重要原因，但这种格局并非一种人为刻意设计的结果，而是由一系列政治、经济、社会和历史的原因所共同造就的制度"均衡"状态。在新的发展时期，必须重新审视中央和地方之间的事权关系。针对现实问题，一个广泛的共识是：推进各级政府事权规范化、法律化，这是推进国家治理体系和治理能力现代化的必然选择。

在纵向规划体系和传导方面，国外的案例给我们诸多启示和借鉴。从国家和地方关系来划分，纵向关系大体分为国家主导和地方分权两种类型。日本、法国、韩国等国为国家主导，国家约束力较强，地方的自主性相对弱，规划的传导性强。美国、英国、德国、荷兰、加拿大等国为地方分权，表现在国家层面没有空间规划或者空间规划对地方规划的约束力较弱，国家层面主要采用法规、政策、技术标准管控，地方有较大的自主权。

①宋卫刚. 政府间事权划分的概念辨析及理论分析[J]. 经济研究参考，2003，01：44-48.

②郑永年. 中国的"行为联邦制"[M]. 北京：东方出版社，2013.

国家主导型以日本为例。日本的行政机构包括国家、都道府县、市町村三个级别，规划体系包括国土形成规划、国土利用规划和土地利用基本规划、专项规划四大类别，与行政体系对应贯穿于国家、区域和地方三个层级，各层级规划事权清晰，上下衔接。其中国土形成规划由国家、广域地区编制，以确定战略方向为主；国土利用规划在国家、都道府县、市町村三级编制，重点在于定规模、定指标，是用地布局的纲要性规划；土地利用基本规划由都道府县编制，重点在于定功能、定坐标，是土地用途管控的主要依据，同时划分城市、农业、森林、自然公园、自然保护五类地区，作为各专项规划编制范围；专项规划由市町村针对某一类地区组织编制，是指导开发建设的实施性规划。

在规划体系的内部传导方面，纵向上，各级规划之间通过审批、指导、供给等方式进行有效传导；横向上，各类专项规划以土地利用基本规划划分的五类地区为编制范围，互不交叉进行实施性指导。

全国国土形成规划是涵盖建设、产业、文化、社会、交通、资源、海洋等14个领域的国家级中长期宏观战略规划，并将全国分为八个广域地区，分别编制区域国土形成规划。

各级国土利用规划在内容框架与文本形式上保持一致，主要从指标与措施方面层层分解、逐步深化。全国国土利用规划确定规划年限、人口预期和各类国土面积目标，并将指标分解到三大都市圈和地方圈；都道府县级别则进一步细化各类目标指标，并分解到若干地区；市町村级别同样将指标分解至若干功能区，并提出用地类别、重大设施等布局指引。然而，国土利用规划中各类土地的面积目标值并非刚性指标，各类土地用途的具体管控和转换要求由土地利用基本规划确定。

土地利用基本规划，包含全域规划图和土地利用管制要求，是衔接上层级宏观战略和下层级具体实施的重要环节，且原则上每年可进行修改调整。向上是对全国规划目标指标、土地利用和行动政策的细化，同时加入了地方性措施，更具实操性；向下作为城市规划、农业振兴规划等专项规划的上位规划，明确了各专项之间相互协调时的优先顺序和指导方针，最后通过地区专项规划进行实施落地。

地方分权型以加拿大为例。加拿大地方政府则通过"官方规划"和"区划法"两个层次进行规划用途管控。前者为政策导向型的总体性规划，后者为面向具体开发控制的详细规划，通过在总规层面限定政策区内部用地功能构成与指标要求，演绎细化形成详规层面用地分类，实现总控传导的上下衔接。

其中，官方规划作为宏观层次规划，主要用于区别不同开发原则的地区，划分政策性分区。例如，渥太华官方规划中首先划分了城市地区与农村地区，在城市地区划分中心区、就业区、企业区、普通城市、城市自然特征区等政策区，在农村地区划分乡村、农业资源区、普通农业区、自然环境保护区等政策区，并提出各政策区中可采用的用地功能、构成比例以及禁止功能等相关政策、指标要求，在下位区划法中予以落实。

区划法作为下位规划，需要在遵循上位规划的相关原则和限定的基础上，对政策性分区作出必要演绎，演绎为功能性用地分类，如就业区演绎为服务业用地、工业用地等，形成面向功能控制的用地布局规划图。通过从政策区到功能性用地分类的制度设计，实现从保障公共利益、落实用地政策向规范开发建设行为，指导规划审批，保障土地高效使用的传导和落实，推动用途管制的不断深化。

结合国外空间规划管控与传导经验，解决当前空间规划事权不明晰带来的监管困局，必须按照"一级政府、一级事权、一级规划"的思路，明确各层级规划需要解决的问题，规划内容、深度和重点，通过建立刚弹并重的规划传导体系，实现从"一管就死，一放就乱"到"管该管的，放该放的"的转变。

构建新型的空间规划纵向传导体系，实现国家意志与地方事权的有效对话和良性互动，首先应当从重构空间规划层级入手，建立与行政管理体系相对应、权责关系明确的空间规划层级。各层级规划体系分工明确，管控侧重点不同，级别越高宏观指导性越强，级别越低则规划越详尽完善。以逐级传导保障国家战略的细化落实，以简政放权赋予地方治理责任并增强发展活力，推动规划体系高效运行。

按照国家、省、市、县、乡镇的五级行政层次，编制五级空间规划。根据不同层级政府的事权，确定各级规划的编制重点。其中，国家或跨省的区域规划侧重强化宏观战略与顶层设计，强调底线管控和资源环境保护等；省级或跨市层次规划侧重平衡各类资源和要素的保护与开发，划分总体空间格局，注重区域协调与均衡发展；市县层次立足国家和区域责任，重点为落实上级政府管控要求，科学配置自然资源和建设要素，有效引导开发建设行为；乡镇/片区规划层级则重可操作性，重点为落实和传导市级管控指标，划定发展单元，制定实施计划，推动实施落地，并体现地方事权。

同时，加强各级规划刚性内容的传导，每一级规划在编制时均需明确下层级规划需要落实深化的目标、原则、指标、空间、时序等内容。按照事权对应、分级管控的思路，构建全国—省域—市/县域—乡镇（功能片区）—发展单元的纵向规划传导体系，实现指标体系、空间布局、要素配置等规划核心内容的有效传导和相互衔接。纵向传导的内容主要包括三个方面，即指标体系传导、空间布局传导、要素配置传导（图7.1）。

建立指标体系传导机制。指标体系是实现规划目标的重要抓手，也是传导中的重要内容。指标体系分为传导指标和特色指标。其中，传导指标是自上而下下达和监管的指标，是纵向传导的关键性内容。传导指标应重点体现对底线内容的指标管控。从指标管控强度来区分，可以分为约束性和预期性两种，约束性指标为必须完成的指标，而预期性指标是希望达成的指标；从指标管控方式来区别，可以分为分解型和标杆型两类，比如耕地保有量，就是典型的分解型传导指标，可以在每级规划中进行分解式传导。而空气质量优良比例就是典型的标杆型传导指标，任何一个级别的空间规划均应达到这类指标的标

图7.1 全国—省域—市/县域—乡镇（片区）—发展单元规划传导体系（图片来源：自绘）

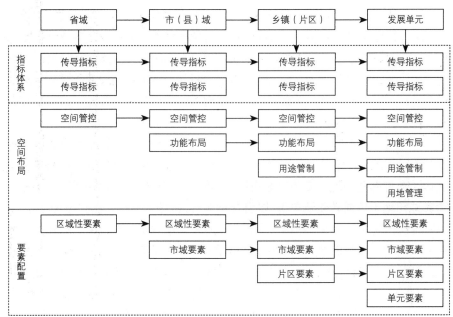

杆。特色指标是表达地域特色和地方特点的指标，是地方用于自我提升和监控的指标。传导指标和特色指标两者应充分结合，保障上下有效传导和全域指标管控。

完善空间布局传导模式。空间布局传导是规划传导体系的核心，对应不同层级政府的事权，运用复杂性原则，明晰不同层级空间规划对于空间布局的内容深度和管控精度。层级越高的政府，其空间管控的内容要相对较少，管控精度要相对较低，管控规则要相对简洁。国家国土空间规划以政策性的方针和原则为主；省级层面重点通过划定主体功能区协调部门空间管控政策，引导土地、水等资源和环境排放指标的统筹分配。市级层面以划示"三线"和主导用途分区为管控手段，形成国土空间功能布局，结合重大要素配置引导协调国土空间开发和保护的矛盾。乡镇/片区层面以用途分类为管控要求，侧重用地的实施建议和开发许可要求；详细规划则侧重地块强度、密度分区等开发建设具体管理要求和具体土地综合整治、生态修复等措施。乡镇/片区层面和详细规划应允许并鼓励多种地类兼容，保证规划应对市场变化的弹性，保障规划的实施。

在空间传导方面应强调规划体系的连续性与传导性，同时在传导体系的构建中适当预留弹性。如在城镇开发边界划定中，对应不同层级的国土空间规划通过建立"规模约束—空间划示—用地划定"的方式，建立规划的层次传导关系，其中省级国土空间规划下达分配各市县城镇建设用地规模，确定各市县弹性发展区划定的比例和面积，形成全省城镇开发边界划定的初步空间格局；市国土空间在省下发的城镇开发边界面积基础上，结合地方实际情况，形成城镇开发边界划示方案；县（市、区）国土空间规划中负责划定城镇开发边界。

这种层层深化的城镇开发边界划定方法，既保障了每层级规划可以很好地落实上级规划的刚性约束条件，又为地方留有一定的应对经济发展不确定性的能力，是一种很好的空间布局传导方式的探索。

在空间功能与用途传导方面可以通过允许用途与限制用途，建立"政策分区—功能分区—用途分类"之间的传导衔接关系。明确各类功能分区内主要对应的用地类型（主导功能用地）、允许兼容的用地类型（可兼容用地）以及不允许出现的用地类型（不可兼容用地），使得省、市级空间规划层次的功能分区布局能够传导和控制下一层次规划的用地布局。同时，还应明确各类功能分区内，允许哪些用地转变为哪些用地（正面转化清单）、不允许哪些用地转变为哪些用地（负面转化清单），以引导用地结构和布局向规划的方向不断优化（图7.2）。

构建要素配置传导机制。要素配置是实现各类资源与公共服务要素逐级有效落实的重要抓手。规划应在统一的空间管控传导体系基础上，构建统一的要素支撑系统，形成分级管控、事权对应、合理配置的多层次要素配置传导体系。基于各层级事权重点以及要素配置的内容，进一步明确各类要素之间传导体系关系和分级编制重点。

全国、省域要素配置应当强化跨国和省际区域性重大设施结构廊道的预控；市县层面结合市县层级政府事权重点，明确体现空间结构、支撑城市主要发展方向的重大基础设施；乡镇（片区）层面重点在于传递市域用地功能布局表达要素，对绿线、蓝线、紫线、黄线进行分级控制，并将交通和市政基础设施、防灾减灾设施等用地落地；发展单元层面作为控规编制的基础单元，落实片区的功能结构并细化至用地分类，以及形成相应的控规编制指标体系；管理单元层级作为控规编制的基础单元，着重对土地用途和强度等内容进行管理。

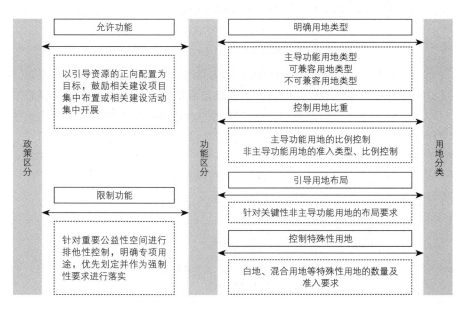

图7.2 政策分区—功能分区—用地分类规划传导关系
（图片来源：自绘）

以绿线、蓝线划定为例，绿线、蓝线是保护和控制城市绿地、水系，构建公共开敞空间体系、优化结构布局、提升城市特色的重要手段，因此一直以来被确定为总规刚性管控内容。结合"市域—片区—发展单元"的规划层级，对绿线、蓝线进行分级管控，在市级规划层次采用"指标管控+结构管控+边界管控"方式，以全市绿线、蓝线的总面积、服务半径等指标要求和市域范围绿地、水系的空间结构管控为主，在空间上仅明确部分大型绿地、河湖边界；在片区规划层次采用"边界管控+结构管控+指标管控"方式，进一步划定部分较大规模的绿线、蓝线范围，细化绿地、水系的空间结构，细化面积、服务半径等指标；发展单元采取"边界管控+指标管控"的方式，将所有绿地、蓝线落地，落实指标要求（表7.2）。

要素配置传导表 表7.2

规划层级	要素分类	编制重点	管控方式	监管层级
省域	资源统筹	资源统筹分配及长效监管	指标管控+结构管控	上级政府监管
	基础设施	结构性重大区域基础设施		
市域	绿地（绿线）	生态廊道中的结构性绿地	指标管控+结构管控+边界管控	上级政府监管
		永久保护绿地		
		区级及以上城市公园		
		市域蓝线沿线绿色开敞空间		
	水域（蓝线）	骨干河流		
		大、中型水库		
	公用基础设施（黄线）及综合交通	重大市政基础设施廊道		
		高快速路、区域主干道及国铁路、城际，重点机场、港口、车站等交通枢纽设施选址		
片区	绿地（绿线）	国铁、城铁两侧防护绿地	边界管控+结构管控+指标管控	地方监管
		高快速路两侧防护绿地		
		功能片区蓝线沿线绿色开敞空间		
		社区级城市公园		
	水域（蓝线）	支干河流（涌）		
		小（一）型水库、主要人工湖		
	公用基础设施（黄线）及综合交通	城市主次干道走向、宽度		
		铁路/城际、轨道交通走向及控制范围		
		市政公用设施位置和工程干管的线路位置、管径		
		主要防灾避难场所、应急避难和救援通道等		

续表

规划层级	要素分类	编制重点	管控方式	监管层级
发展单元	绿地（绿线）、水域（蓝线）、公用基础设施（黄线）及综合交通	参照《城市建设用地分类标准》用地细分	边界管控+指标管控	地方监管

（表格来源：根据相关资料整理）

第二节 总体规划与专项规划的是与非

我国空间规划体系可以描述成一个由纵向规划类型和横向规划层级交织而成的网。原则上，这种纵横交错的网络状结构可以实现国土空间的无缝化全方位管理。但是实际上，由于这个体系是一个由多个自上而下的纵向规划类型逐渐拼贴的网，其主导形态是纵向控制，而同一空间上的横向衔接和联系往往不足，造成了在同一横向维度上不同规划管控逻辑的矛盾。[1]

"多规合一"的目标不是统一为只有一本规划，而是构建以总体规划为统领、专项规划为延伸、详细规划为抓手，协调一致、共同施力的空间规划体系。因此，理顺总体规划与专项规划的横向传导关系，是发挥总体规划统筹作用、强化专项规划实施作用的关键。总体规划与专项规划如发生脱节，将导致整体与局部之间发生矛盾、冲突，严重影响空间治理水平。

专项规划的编制历史由来已久，因政府管理的需要，各个部门均有某一领域的专业或专项规划，其中涉及空间的专项规划主要有基本农田划定、土地整治规划等土地利用专项规划、林业规划、环境保护规划、海洋功能区划、水利规划、交通规划、公共服务设施规划、历史文化名城保护规划等。各类专项规划在规划重点、编制内容和实施抓手等方面各不相同。

由于全国、省级层面的专项规划相对宏观，不作为探讨对象。本文主要针对编制类型最多、编制差异最大的市级专项规划作为探讨对象。目前，市级层面专项规划主要体现资源、要素、行业或实施时序阶段的细分安排，大体可以分为以下几类。

一是资源保护与利用类，如耕地、林地、湿地、草地、海洋、矿产等自然资源要素的保护利用规划，其核心目标是合理利用和有效保护，是未来实现自然资源统一管理的重要抓手；二是安全保护类，如水源保护、能源保护、综合防灾、地质灾害防治等突出安全和保护需求的专项规划，是保障城市安全运行的重要专项规划，是城市的"生命线"规划；三是要素配置类，如综合交通、公共服务、市政、水利等重要设施专项规划，是保障城市功能有效运行、支撑城乡空间发展、提升居民生活品质的专项规划；四是城市特色类，如历史文化保护、城市风貌、大地景观等专项规划，是充分传承历史文化、凸显城市自然与建成环境特色的规划；五是行动实施类专项规划，如近期规划、五年行动规

①朱江，邓木林，潘安."三规合一"：探索空间规划的秩序和调控合力 [J]. 城市规划，2015，39（01）：41-47+97.

划、年度项目计划等，是推进规划近期实施的主要抓手。

由于规划编制主体与管理对象的差异，现有的各类空间性专项规划往往从部门自身的工作要求和技术标准出发，缺少横向的整体统筹，这是造成多规矛盾的主要根源之一。空间规划的"多头管理"，导致执法主体模糊不清，空间管理效率低下，难以适应市场经济的需要。规划协调机制的缺失，导致各类规划间缺乏有效的衔接途径和必要的制度保障，城市空间政策丧失了整体性、统一性。[①]当前，专项规划与总体规划的衔接主要存在以下三个方面的问题。

首先，总体规划向专项规划传导的内容不明确。由于不少专项规划编制的层次、内容和深度本身就缺乏明确规定，导致传导内容更加难以确定。目前部分专项规划已公布了相应的编制要求，比如林地保护规划、城市综合交通体系规划、历史文化名城保护规划等均有相应的国家标准、行业标准或地方标准。但仍有大量专项规划没有出台相应的编制标准或规范，各地也多根据自身实际情况进行编制，灵活性和差异性较大，导致规划层次各不相同，对总体规划向专项规划传导的内容更是缺乏规定（表7.3）。

①朱江，邓木林，潘安."三规合一"：探索空间规划的秩序和调控合力［J］. 城市规划，2015，39（01）：41-47+97.

各类空间性专项规划现有技术标准、规范一览表　　表 7.3

规划类别		规划名称	相关技术标准、规范
总体规划			《住房城乡建设部关于城市总体规划编制试点的指导意见》（建规字〔2017〕199号）《关于开展新一轮土地利用总体规划编制试点工作的通知》（国土资厅函〔2018〕37号）
专项规划	资源保护与利用类	耕地保护利用专项规划	《市（地）、县、乡级土地利用总体规划编制规程》（TD/T 1023-2010）《市（地）、县、乡级土地利用总体规划制图规范》（TD/T 1020-2009）
		林地保护利用专项规划	《县级林地保护利用规划编制技术规程》（LY/T 1956-2011）
		湿地保护利用专项规划	《湿地保护管理规定》（国家林业局令 第32号）
		草地保护利用专项规划	《全国草原保护建设利用"十三五"规划》（农业部，2016.12）
		海洋保护利用专项规划	《国家海洋局印发关于开展编制省级海岸带综合保护与利用总体规划试点工作指导意见的通知》（2017.12）
		水资源保护利用专项规划	《水资源保护规划编制规程》（SL 613-2013 ）
		矿产资源保护利用专项规划	《矿产资源规划管理暂行办法》（国土资发〔1999〕356号）
	安全保护类	能源保护专项规划	——
		抗震专项规划	——

续表

规划类别		规划名称	相关技术标准、规范
安全保护类	安全保护类	消防专项规划	《城市消防规划规范》（GB 51080-2015）
		人防专项规划	《人民防空工程规划编制办法》（国人防〔2010〕189号）
		防洪专项规划	《城市防洪规划规范》（GB 51079-2016）
		地质灾害防治专项规划	——
	要素配置类	综合交通专项规划	《城市综合交通体系规划编制办法》（建城〔2010〕13号） 《城市综合交通体系规划编制导则》（建城〔2010〕80号） 《城市道路交通规划设计规范》（GB 50220-95）
		公共服务设施专项规划	《城市公共设施规划规范》（GB 50442-2008）
		市政设施专项规划	《城市电力规划规范》（GB 50293-2014） 《城市通信工程规划规范》（GB/T 50853-2013） 《城镇燃气设计规范》（GB/T 51098-2015） 《城市环境卫生设施规划设计规范》（GB 50337-2003） 《城市给水工程规划规范》（GB 50282-98） 《城市工程管线综合规划规范》（GB 50289-2016）
		水利设施专项规划	——
	城市特色类	历史文化保护专项规划	《历史文化名城名镇名村保护规划编制要求》 《历史文化名城保护规划规范》（GB 50357-2005）
		大地景观专项规划	——
		城市风貌专项规划	——
	行动实施类	五年行动规划	——
		年度项目计划	——

（表格来源：根据相关资料整理）

以广州市为例，现有的各项专项设施规划可分为市级层面和区级层面两大类。其中，市级层面多为布点深度，在设施选址上仅做意向性表达，向上无法直接与总体规划用地进行衔接，向下对设施落地选址与建设缺乏指导意义；区级层面的专项设施规划多达到选址深度，基本满足"多规"衔接的要求，但各区编制进度与完成情况不一。环境、林业、海洋等专项规划则为市级一个层次。

其次，总体规划向专项规划传导的要求不明，导致专项规划与总体规划、专项规划之间存在脱节甚至相互冲突。由于各职能部门管理需求和出发点不同，各类专项规划均从自身管理的角度去设定规划目标和空间管控要求，而难以从总体规划统筹的视角考虑问题。而总体规划中向专项规划强制性、约束性的传导要求又未予以明确，从而造成各专项规划与总体规划之间存在一定的偏差。

以林地专项规划为例，在《县级林地保护利用规划编制技术规程》（LY/T 1956—2011）中提出"森林保有量、征占用林地定额为约束性指标；林地保有量、林地生产率、重点公益林地比率和重点商品林地比率为预期性指标"。而在城市总体规划中，往往采用森林覆盖率、林地保有量等指标，而林地专项规划的中约束性指标并未在总体规划中体现。

最后，专项规划的编制计划和编制程序缺乏统筹。专项规划的编制主体分散在各个部门，编制计划、编制过程和审批都分散在不同部门，相互之间仅采用征求意见的模式进行衔接，不仅效率较低，也缺乏统筹和衔接的精度，难以适应未来精细化、动态化的管理。

以城乡规划相关专项规划为例，已有不少城市出台了专项规划编制和审批的相关规定，如《重庆市城乡规划相关专业规划和专项规划编制与报批规定》，而一些城市则是在城乡规划编制审批办法中对专项规划的编制和报批流程进行了规定。上述文件的出台，对于规范专项规划编制和审批程序起到了积极作用，但也存在一些问题。如对专项规划与总体规划的衔接安排表述模糊，也缺乏不同部门之间的联动审查机制。

针对上述问题，未来构建总体规划与专项规划的良好传导关系，需从传导内容、传导要求、传导机制等方面进行完善和明晰。未来，专项规划的设置和传导关系必须符合以下三个原则。首先，按照"谁编制谁实施"的原则，专项规划的编制须与相应部门的职责相对应。在总体规划的引领下，侧重部门职责的实现。其次，明确与总体规划的衔接与深化关系，专项规划的编制应重点落实与细化国土空间总体规划，体现总体规划中目标与指标向不同的资源、要素、行业的传导和细化，同时进一步深化总体规划中的空间布局和管控要求。最后，与国土空间规划强调战略性、综合性、统领性不同，专项规划关键是面向实施，必须强调规划的实操性和落实抓手，提出对详细规划的相关要求。

首先，应强化国土空间规划与专项规划编制管理内容的衔接，并对应内容明确相应的传导要求。在国土空间规划的统领下，现有的部分专项规划需进行一定的调整，同时，根据各地的实际情况和部门实施管理需求也将编制一些新的专项规划。

资源保护与利用类专项规划是推动自然资源统一管理的重要抓手。自然资源管理的核心目标是合理利用和有效保护，保障发展和有效保护同样重要。基于这一核心目标，资源保护与利用类专项规划首先应梳理山水林田湖草海等各类资源的家底情况，对现状的分布、规模、特征进行分析；其次，对国土空间规划提出的各类资源保护核心指标进行落实与深化、细化，并提出保障指标实施的具体举措；然后，在空间上对山水林田湖等资源提出针对性的布局要求和功能分区要求，并提出资源保护与利用的实施性措施。在资源保护类专项规划中特别应重视生态修复和综合整治，持续提升自然资源的价值（表7.4）。

资源保护与利用类专项规划传导内容一览表　　表7.4

专项规划	目标指标	空间布局	管控要求
林地保护利用专项规划	森林覆盖率、林地保有量、森林蓄积量、征占用林地定额、重点公益林地和商品林地比率	林地功能分区布局、林地保护红线	林地用途管制、林地资源分级管控要求
湿地保护利用专项规划	湿地保有量、新增湿地面积、湿地恢复治理面积、自然湿地保护率	湿地区划布局、湿地生态保护红线	湿地用途管控要求、湿地分级管控要求
海洋保护利用专项规划	海洋生态红线区面积占管理海域面积比例、自然岸线保有率、近岸海域水质优良面积比例	海洋功能区区划、海洋生态红线、海岸带空间格局	海洋功能区管控要求、海岸线功能管控要求、海岛管控要求
矿产资源保护利用专项规划	矿产资源开采总量、矿产资源产出率提高比例、历史遗留矿山地质环境治理恢复面积	矿产资源开发利用分区、地质环境保护与恢复治理规划分区	矿产资源开采规划分区管控要求、开采准入管理

（表格来源：根据相关资料整理）

以林地保护利用专项规划为例，广州新一轮国土空间规划在与林业部门专项对接的基础上，提出以北部、东北部森林以及南部沿海防护林为核心，构筑保障城市生态系统安全的森林生态网络体系，并明确了规划近远期森林覆盖率、林地保有量、森林蓄积量等相关目标指标；在空间布局上，针对北部森林涵养区、中部城市环境保护林区和南部沿海防护林区进行指标分解，并制定了北部优化、中部提升、南部增量的森林资源保护提升要求；在林地用途管控上，明确了林地征占用总额控制目标，生态公益林和商品林林地的用途管制要求。从指标、布局和管控措施三个方面，明确了林业专项规划编制的衔接依据。

安全保护类专项规划是保障城市安全运行的重要专项规划，可是说是城市的"生命线"规划。随着我国城镇化进程的推进，城市人口、功能和规模不断扩大，城市运行系统日益复杂，安全风险不断增大，城市安全也已成为城市发展的一道红线。因此，安全保护类专项规划应在国土空间规划中建立城市安全发展体系，全面提高城市安全保障水平为目标，通过专项规划对水源、能源、抗震、消防、人防、防洪、地质灾害防治等内容进行深化、细化（表7.5）。

安全保护类专项规划传导内容一览表　　表7.5

专项规划	目标指标	空间布局	管控要求
水源保护专项规划	水资源总量、供水量、饮用水水源水质达标率	水功能区划、饮用水水源保护区划分	饮用水水源保护区分区管控要求
地质灾害防治专项规划	地质灾害防治标准和防治工程建设目标、地质灾害隐患点搬迁与治理比例	地质灾害易发区与重点防治区划分	地质灾害防治分区管控要求，地质灾害隐患点搬迁与治理

（表格来源：根据相关资料整理）

要素配置类专项规划是保障城市功能有效运行、支撑城乡空间发展、提升居民生活品质的专项规划。随着经济社会的发展，人们对于交通出行、公共服务、市政保障的要求越来越高。交通、公服、市政等要素条件的不断改善也推动了城市的不断聚集发展。该类专项规划首先应落实与深化国土空间规划的核心指标，并根据相应的编制规范细化目标体系；其次进一步落实重大设施与通道的空间布局；完善各类建设要求和近期建设重点（表7.6）。

要素配置类专项规划传导内容一览表　　　表7.6

专项规划	目标指标	空间布局	管控要求
综合交通专项规划	航空、航运、铁路、公路等对外交通以及城市公共交通、道路交通发展目标	机场、港口等重大客货运交通枢纽以及主要交通网络布局	各等级交通枢纽及交通网络建设标准与要求、近期建设重点
公共服务设施专项规划	公共服务设施用地比例、人均公共服务设施用地	公共服务中心体系、重大公服设施空间布局	各级公共服务中心建设要求、近期建设重点
市政设施专项规划	电力、通信、燃气、环卫等各类市政设施建设目标	各类重大市政设施、管线布局	各类市政设施建设标准与要求、近期建设重点
水利设施专项规划	城镇供水设施、农田水利设施等水利设施建设目标	重大城镇供水设施、农田水利基础设施布局	各级水利设施建设标准与要求、近期建设重点

（表格来源：根据相关资料整理）

城市特色类专项规划是充分传承历史文化、凸显城市自然与建成环境特色的规划。在高速运转的城市化进程中，中国特色城市的建设面临同质化危机。在未来的城市发展进程中，如何避免盲目建设，重塑城市特色成为城市化进程中亟待解决的问题。城市特色类专项规划首先需要加强对城市自身特色文化的认知，梳理历史文化发展脉络，深挖文化内涵，了解社会文化习俗和当地独特的风土人情，作为国土空间规划战略定位的基础条件；同时，充分利用规划手段与技术，构建科学合理的保护与传承框架体系，展现城镇周边自然地理特色，继承和弘扬城市优秀传统文化、统筹保护与发展、完善城市文化资源保护机制，改善人居环境，促进经济社会协调发展（表7.7）。

城市特色类专项规划传导内容一览表　　　表7.7

专项规划	目标指标	空间布局	管控要求
历史文化保护专项规划	城市历史文化保护目标、保护体系	历史保护空间格局、历史城区、历史文化街区、历史文化名镇名村保护界线	历史城区、重要历史文化街区、历史文化名镇名村的保护要求

续表

专项规划	目标指标	空间布局	管控要求
大地景观专项规划	大地景观整体定位	主导景观特征分区、重要景点空间布局	主导景观特征分区管控要求、重要景点廊道管控要求
城市风貌专项规划	城市总体风貌发展目标、建筑风格、城市色彩	城市风貌划分与布局结构、密度分区	城市风貌分区管控要求、密度分区及天际线管控要求、公共空间、景观视廊管控要求

（表格来源：根据相关资料整理）

　　为促进美丽国土的形成，还可根据各个城市的特征增设一些特色专项类型，如大地景观专项规划。"大地景观"的概念于1979年由美国著名景观设计大师西蒙兹首提，对大地景观规划的一般理解为宏观尺度的、考虑大范围多因素的景观规划设计。在建设实践上主要包括两类：一类是面向大范围自然土地保护与合理开发的综合景观规划建设项目，从人性化和生态化角度出发，强调与城市开发的协调，主要对象为国家公园、绿道等；一类偏重于大地景观艺术营建，以大自然作为创造媒体，设计并营建大地艺术景观，主要集中于大范围的自然地区、城郊乡村地区，对象为湿地公园、生态廊道、农业景观、田园体验综合体等。

　　与国土空间规划的衔接方面，大地景观专项规划应重点提出大地景观整体定位；划定主导景观特征分区、重要景点空间布局；提出主导景观特征分区管控要求、重要景点廊道管控要求。上述核心内容可以纳入国土空间规划，作为引导土地有机更新与城乡可持续发展的重要手段之一。

　　行动实施类专项规划是推进规划近期实施的主要抓手。行动实施类专项规划应以战略重点为牵引，以重大项目建设为抓手，从时间维度上对国土空间规划目标任务进行分解落实和实施推动。通过编制近期建设规划和年度实施计划，与国民经济和社会发展规划、规划体检评估、市级年度重大项目建设安排和财政支出进行充分衔接，指导城市建设（表7.8）。

行动实施类专项规划传导内容一览表　　　　　表7.8

专项规划	衔接重点
五年行动规划	近期人口与建设用地规模、近期重点发展功能区、重大工程近期实施计划、近期各类资源保护利用与历史文化保护重点与实施措施
年度项目计划	与年度实施计划相衔接，包括年度重点建设项目、年度土地利用计划等

（表格来源：根据相关资料整理）

　　在明确总体规划与专项规划编制内容对接的基础上，还需要进行总—专联动的制度设计。近年来，各城市在多规合一、空间规划改革的系列试点中，探索形成了各具特色的工作模式，为空间规划与专项规划联动的制度设计提供了宝贵的经验。这些制度设计都体现了在专项规划的编制过程进行统筹约束，通过编制程序与审批程序的梳理重构，从编制源头上构建以总体规划为纲领，各专项规划为支撑的空间规划体系。

在开展专项规划编制前，需要确立以总体规划为引领，专项规划为延伸的规划体系，并合理安排专项规划的编制计划，建立健全规划编制目录清单、备案、衔接协调等机制。由地方政府相关部门对规划编制目录清单进行把关，未列入目录清单、审批计划的规划，原则上不得编制或批准实施。对于正在编制国土空间总体规划的城市、县，应当根据地方实际情况和条件，明确需要同步开展的相关专项规划编制，将专项规划作为总体规划的重要支撑，通过总—专同步编制、相互校核，将专项规划的核心内容纳入总体规划。在总体规划编制之后开展、制定或完善专项规划的，应落实总体规划的内容。

厦门在"多规合一"工作中，探索了以美丽厦门战略规划为引领，同步编制完善各部门专项规划和三年行动计划，搭建空间信息平台，深化体制机制改革的规划编制、实施与保障经验。在"多规合一"工作开展之前，厦门市便组织编制了《美丽厦门战略规划》作为城市发展的战略性蓝图，明确了城市发展的目标定位、发展战略和空间格局。随后的一张蓝图整合，三生空间的优化布局，国土、规划、发改、环保等主要部门空间性规划的统筹协调都以此作为指引，进行细化和落实。在战略规划编制的前期，同步开展各部门专题研究，形成与战略规划相衔接的三年行动计划。

在专项规划编制过程中，城市、县各专项规划主管部门应通过"多规合一"协调平台向空间规划主管部门申请调取"一张蓝图"作为工作底图，遵循统一的编制标准和坐标体系，涉及空间布局和用地需求的内容应当做到控制性详细规划的深度。在专项规划上报审批过程中，应对专项规划开展审查与协调工作。依托"多规合一"协调平台，通过各专项规划符合"一张蓝图"的合规性审查，有效保障专项规划与总体规划的衔接。合规性审查的内容应当包括相关指标、与三条控制线关系、相关专项在总体规划中的其他对应内容。

济南新旧动能转换先行区"多规合一"工作中，十分重视总体规划和专项规划在编制和审批过程中的衔接，专门制定了规划编制审批机制。济南新旧动能转换先行区作为新区，总体规划和专项规划处于同步编制、相互衔接的状态，因此在编制过程中把控好总—专联动成为该地区"多规合一"的关键。在机制中，明确了专项规划必须以总体规划的"一张蓝图"作为底图，在编制过程中提出了及时进行规划阶段性成果入库，开展合规性审查，召开衔接与协调联席会议要求。

在专项规划完成审批之后，专项规划成果应报送总体规划主管部门，纳入管理平台。相关部门根据专项规划入库情况，及时组织有关单位对"一张蓝图"进行年度动态维护更新。按照"一年一体检，五年一评估"的要求，各部门负责对应专项规划的编制、相关重点项目的实施情况进行评估，并报送总体规划主管部门。

在《厦门经济特区多规合一管理若干规定》中就明确提出"涉及空间的规划应当自审查通过或者依法上报审批通过之日起三十日内，由组织编制部门报送多规合一协调管理机构，纳入综合平台"。"经上报审批的涉及空间的规划与空间战略规划不一致的，应当将符合空间战略规划的规划相应内容纳入综合平台，并由市人民政府对其他内容予以及时处理"。[①]

① 《厦门经济特区多规合一管理若干规定》，厦门市人民政府，2016年5月1日。

制度设计需要通过法律规章的方式予以明确，从法制的高度保障规划传导的严肃性和权威性。

宁夏回族自治区在空间规划工作中，通过地方立法和行政规章保障总体规划向专项规划的传导。《宁夏回族自治区空间规划条例》第十五条中规定"市县空间规划和其他空间性规划的编制应当以自治区空间规划为依据，不得违反自治区空间规划划定的'三区三线'和管控要求"。在《宁夏回族自治区空间规划试点期间协同编制指南》中，明确了自治区各部门在空间规划编制流程中各阶段的相关职责，保障了总体规划与专项规划的紧密衔接。

未来，随着空间规划法律规范体系的逐渐完善，以总体规划为纲领，横向统筹各专项规划的条件也日趋成熟，总体规划向专项规划传导的规划内容、传导要求和制度设计也将逐步明晰。

第八章　拥抱智慧城市：国土空间规划的
技术革命

建立统一的国土空间规划信息平台，利用大数据和新技术，推进国土空间全域全要素的数字化和信息化，构建国土空间信息化平台，是保障新时代国土空间规划任务实施的重要手段。可以说，通过建立国土空间规划信息管理平台达到实体空间、虚拟空间、信息技术、空间规划间的融合创新，从而提升空间治理能力，已经成为当下智慧城市建设的重中之重。

第一节　从CAD走向AI时代

伴随着科学技术的不断进步，人类社会文明已经步入第四次工业革命的门扉，AI时代正以前所未有的速度席卷全球。回顾人类历史的前三次工业革命，皆深刻影响了人居环境的空间组织模式及社会治理模式。①当前，信息网络无所不在，人工智能AI、机器人Robotics技术大幅提升，虚拟现实VR、量子信息技术初露锋芒，可穿戴传感设备、交通运输更为便捷高效，这些都影响了人类的生产和生活方式，也深刻影响了传统的社会治理模式。技术革命对新时期的国土空间管理逻辑、管理方式和管理机制都产生了重要的影响。浪潮之巅，如何有效地运用信息技术，制定恰当的应对策略显得尤其重要。

AI时代为国土空间规划凸显逻辑理性、精准管控、多元治理提供了技术支持。未来的技术发展，将实现全面感知、协同互联、前瞻预判、实时反馈，而日益多元与开放性的社会背景使得空间治理更加关注"人"的维度，关注管理精度和效率的提升，社会公众对主动参与空间治理的需求与愿望也愈发强烈，技术无疑将推动国土空间规划的规划理念、编制方法和管理方式走向变革。

回顾我国空间规划的技术发展历程，大体而言可以分为四个阶段。

第一阶段为早期阶段，在技术方法上仅采用传统的徒手绘图，无数字技术辅助。该阶段的技术思维为静态思维，即一般以规划近期、中期、远期的状态描述和静态蓝图进行表达。空间规划的管理方式较为粗放，采用非矢量图纸，使得管理的空间精度和时间效率均受到限制。

第二阶段为CAD运用阶段，时间为20世纪80至90年代，以个人计算机辅助科学技术（Computer Aided Technology）的出现为标志，常用软件包括AutoCAD等，实现了从传统的钢笔徒手绘图到应用计算机软件（CAD）制图的历史转换。该阶段的技术思维是典型的工程至上思维，通过精细化的计算机制图进行表达。空间规划的管理方式开始从粗放走向局部精确，特别是在城市具体工程建设方面大大提升了效率和精度。但空间数据信息存在碎片化、孤岛化的特点，难以对整个城市的发展进行整体管理和把控。

第三阶段为信息技术阶段，时间为2000年前后，技术手段从数字化走向复合化、三维化和网络化，常用软件包括ARCGIS/MAPGIS等地理信息系统软件和SketchUp、3Ds MAX等三维建模软件。该阶段的技术思维开始进入动态和立体，通过信息的互联互通、动态更新和三维立体表达来实现。空间规划的管理方式开始从局部精确走向全局管理，不仅在空间范畴上开始覆盖全域，在管理内容和精度方面也大大提升。这一阶段在规划管理方面虽然取得了长足进步，但仍存在动态性、复合性、智能化不足等问题。

第四阶段为AI时代（人工智能时代），人工智能技术的飞速发展使得信息技术走入全新的发展阶段，建筑信息模型BIM、城市信息模型CIM、物联网IOT、城市智能交互技术等新技术模式不断涌现并逐步成熟。未来的空间规划管理模式在新技术的支撑下将出现更多的飞跃，向深度"智慧城市"迈进（表8.1）。

空间规划技术发展的四个阶段　　　　表8.1

名称	时间	核心技术方式	技术思维特征
早期阶段	20世纪80年代以前	传统徒手制图	静态思维，以规划近期、中期、远期的蓝图进行手绘图纸表达
CAD运用阶段	20世纪80至90年代	数字化二维制图	静态思维、工程至上思维并存
信息技术阶段	20世纪90年代至21世纪10年代	数字化三维化制图	动态化、复合化、网络化、模式化
AI时代阶段	21世纪20年代以后	BIM、CIM、IOT城市智能交互技术等新技术的集成应用	动态化、多元化、智能化

（表格来源：根据相关资料整理）

我国各部门空间规划应用数字技术的发展历程　　　　表8.2

部门名称	数字技术	应用内容
发改部门	Office系列软件	发改部门的政策研究室在起草文件时常用到Word软件；发展规划科、产业协调科、城乡统筹科等在制定国民经济和社会发展中长期规划与公共基础设施及其他重大项目发展战略时常用到Word与Excel软件；行政审批服务科在承办行政许可事项、非行政许可的行政审批事项及其他公共服务事项时常用到Word、Excel与CorelDraw软件
住建、规划部门	AUTOCAD、三维建模软件	CAD技术可基于计算科学与计算机图形建构二维城市复杂空间形态，并可通过操作虚拟二维模型实现对空间的规划设计与管理。在实际应用中，CAD多作为图形处理工具，用于绘制、展示规划方案和进行相关管理。此外，普遍使用的三维建模工具包括SketchUp、3Ds MAX、Rhinoceros、Revit等

续表

部门名称	数字技术	应用内容
国土、林业部门	ARCGIS/MAPGIS软件	GIS应用是用户进行交互性查询、分析空间信息、在地图上编辑数据并将这些结果进行展示的工具。当前GIS技术在经济社会建设中得到越来越广泛的应用。这种结合了地理空间数据库、地图可视化和海量数据储存的技术，十分契合国土、林业部门的管理需要

（表格来源：根据相关资料整理）

早在20世纪90年代初期，许多欧美城市就率先提出了"智慧城市"的概念。然而时至今日，对智慧城市的定义并未取得统一。[①]我国的智慧城市先后经历了数字城市、信息城市和智慧城市等三个阶段，相比数字城市技术主导理念，智慧城市更加强调以人为本、社会公平以及环境的可持续发展。

分析以"智慧城市"为关键词的文献脉络，可以发现，与其相关度最高的关键词分别为"数字城市、信息化、云计算、物联网、城市发展、信息社会、电子政务、无线城市"。我们认为，未来智慧城市将是一个人与城市深度融合的智慧生命体，是一个碳基文明与硅基文明深度融合的智慧城市生态体系。

智慧城市的实践与认识不断深刻，在总结现有文献资料的基础上，我们发现智慧城市的内涵基本上已形成了以下几点共识：

一是以智慧信息（Smart Information）的动态、共享为理念基础，在全面感知互联的基础上，智慧城市将从原静态的处理或表现城市信息转变为动态的收集、分析和反馈信息。我们知道智慧信息的核心是实时动态，由于5G将使数据传输速率大幅度提升（从4G的100Mb/s提高到几十Gb/s），各类信息的采集、传输、处理将达到实时的效果。通过5G与物联网技术在城市各个维度的应用，使实时全面的数据收集成为可能。在实时全面获取数据基础上，通过统一标准，可以使各种形式的信息平台与工具将各类信息串联或并联成一个有序的信息网络，实现数据信息的上下与横向的传导联通。在信息网络上，通过对巨量数据的分类、处理、挖掘、分析，可以对未来进行判断预测。

目前智慧信息的应用工作已经在局部开展。如国内外许多机构结合深度传感设施的智慧城市研究与建设，如麻省理工的Sensible City Lab、芝加哥城市运算和数据中心的"物联城市"等；再如，航空公司通过对旅客的性别、年龄，以及旅行习惯、常用航线等数据进行分析，得出的旅客画像定制个性化服务，通过海量数据的统一筛选、分析，可以协助机场有效预防航班延误、增强转机率、防止机场瘫痪和机场安保等。

在智慧信息不断运用的过程中，现在由于数据取样的局限性，只能覆盖有限时空范围的现象将不复存在，空间与信息的管理会逐渐由静态转向流动与共享的状态，空间规划从静态规划进入动态规划。

二是智慧城市以智慧技术（Intelligent Technology）为技术基础，即5G、信息技术、数据挖掘技术以及人工智能技术在城市治理中的广泛应用。从目前应用情况来看，在现代化程度比较高的城市，智慧技术已经深入到人们的社会

①金江军，承继成. 智慧城市刍议 [J]. 现代城市研究，2012（6）：101-104.

生活之中。手机信令数据、公交卡通勤数据、街景数据、各类POI数据等已经在城市研究中得到广泛应用；电信、通讯、网络、市政、能源和交通领域的智慧设施已经得到日新月异的发展；支付宝平台、各类便捷携带式设备也丰富了生活的方方面面。当前，跟空间治理相关度最高的智慧技术发展方向包括定量城市评价技术、建筑信息模型BIM、城市信息模型CIM、物联网IOT等。

在我国空间规划向精细化管理转型的背景下，定量城市研究越来越举足轻重。它是指在一定理论基础之上，采用各种数据和技术方法，致力于探索城市发展的一般规律，并诊断城市问题、模拟城市运行、评估发展政策、寻找解决方案的科学研究方法，可应用于支持城市规划现状分析、方案编制与方案评估等各个阶段。

近年来大数据的涌现为定量城市研究提供了大量的新数据来源。可将现有定量城市研究归纳为七种类型，即社交网络数据的实时描绘（Real Time Sensing）、网络数据分析（Multiple Networks）、城市新型数据系统构建（New Urban Data Systems）、新型交通模型（New Modelsof Movementand Location）、城市发展路径风险分析（Risk Analysisof Development Path）、新型人群移动分析系统（New Modelsand Systems forMobility Behavior Discovery）及新型交通需求管理工具（New Toolsfor Governance of Mobility Demand）。[①]定量城市评价技术是一个系统工程，通过各种评价模型对各类国土空间规划大数据进行分析，评价各类复杂的规划问题，将使智慧城市与国土空间规划信息管理平台的预测与评判更加科学。随着技术的发展，在智慧城市与空间治理中定量城市评价技术的内涵与应用将更加广泛。

建筑信息模型BIM主要目的是构建一个完整的建筑信息模型，包含从建筑设计到建造的全生命周期。方便被规划师、建筑师、结构师、施工队等各工程参与方使用，便捷且应用范围较为广泛。但其也是一种强大，但是复杂、

① 龙瀛，刘伦伦. 新数据环境下定量城市研究的四个变革 [J]. 国际城市规划2016（10）：64-73.

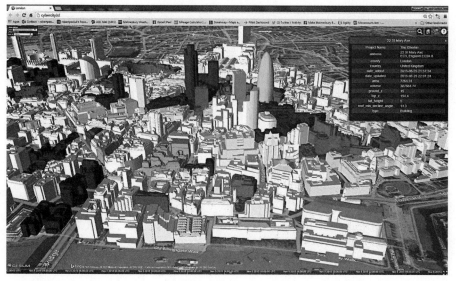

图8.1　伦敦城市信息平台3D模型（图片来源：Cyber City 3D）[②]

② 图片来源：http://aecbytes.com/feature/2016/CityInformationModeling.html.

图8.2 目前市场上常用的
BIM软件（图片来源：根据
相关资料整理绘制）

	AUTODESK	Bentley	Trimble	DASSAULT SYSTEMES	国内
规划	SketchBook		SketchUp		众智CITYPLAN
设计	Revit	AECOsim	PipeDesigner	CATIA	鸿业
	Fabrication	STAAD Pro	Tekia Sructure	SOLIDWORKS	MagicCAD
	GreenBuilding	PowerCivil	WinEst	GEOVIA	广联达GICD
施工	Navisworks	Navigator	Tekia BIMsight	ENOVIA	清华4D-BIM
	BIM360	ProjectWise	Prolog	DELMIA	广联达5D
	Constructware	ConstructSim	VicoOffice		
运维		Bentley Facilities			清华BIM-FIM

缓慢、高成本的工具。目前市场上常见的绘图BIM软件主要有Revit、Magicad（机电）、Bentle、Tekla（钢结构）、Bentley等绘图用软件。

近年来，一些城市地区进行了BIM与GIS的集成应用，即CIM城市信息模型。如在2018年的互联网云栖大会上，中规院与阿里巴巴联合成立了未来城市实验室，并率先在雄安新区构建了以BIM、GIS、物联网等为基础的城市信息模型（图8.2）。

CIM空间管理平台体现出全生命周期、信息共享理念、支持开放式标准（IFC）等内涵。近年来，随着人工智能、机械深度学习等技术领域的突破，信息化真正实现了跨部门、跨学科的融合，城市信息模型CIM建设的深度与广度都有了较大提升。物联网是通信网和互联网的拓展应用和网络延伸，它利用感知技术与智能装对物理世界进行感知识别，通过网络传输互联，进行计算、处理和知识挖掘，实现人与物、物与物信息交互和无缝链接，达到对物理世界实时控制、精确管理和科学决策的目的（图8.3）。[1]

当前，物联网终端在生活中已经无处不在，监控、传感器、移动网络设备、家庭智能设备等都是物联网的终端。其在城市交通管理、国土空间环境监测、国土空间灾害预警等领域具有广阔的应用前景。人工智能时代背景下的物联网将进一步融合感知识别、实时互联、智能处理等，从而实现智慧决策、精确管理。"GIS+BIM+物联网"将成为智慧城市建设最基础的技术架构，并且大多数智慧城市应用APP将需要CIM的空间数据支撑。

三是智慧城市以智慧治理（Wisdom Governance）为治理的制度基础，提高智慧信息与智慧技术在社会管理和事务决策中的应用。治理的核心是以人民为出发点，智慧治理可以通过智慧信息与智慧技术的运用，众筹智慧了解民意，提供智慧决策和智慧服务，推进社会体制、机制、能力和效能的创新，实现治理能力现代化。

智慧治理首先要求众筹智慧。实际上，智慧政府的"智慧"来自广大人民

[1]工信部电信研究院. 物联网白皮书（2011）[J].中国公共安全，2012（3）：148-152.

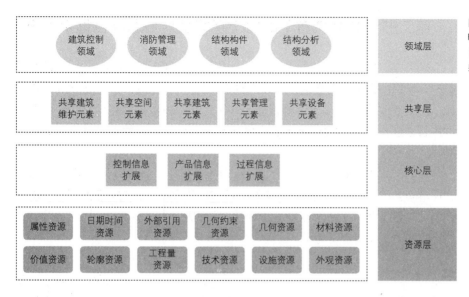

图8.3 IFC——Industry Foundation Classes基本架构（图片来源：根据工业基础类相关资料整理绘制）

群众。这个"智慧"是群体智慧，它把每个个体作为一个不可缺少的单元参与到公共治理中，最大限度对接社区居民需求、激发公共服务的活力。通过加强与公众之间的对话，提高群众参与度，建立起政府与群众之间的协同关系，最终实现多元共治。有了政府、公众、企业和其他类型社会、商业机构的共同参与，大数据将构建起一个全新的公共治理结构与公共服务体系。

智慧治理的关键是智慧决策。马克思曾说过，人的本质是一切社会关系的综合。更进一步，在数据构成的世界，人就是一切数据足迹的综合。为"提高治理体系和治理能力的现代化"，应利用各类技术与数据实现智慧决策。如近年来兴起的"城市计算"就是利用大数据解决城市所面临的挑战。比如，利用已获悉的交通流量从车流和人流中发现规划中存在的问题，为智慧决策提供客观依据。

智慧治理的落脚点是智慧服务。大数据观的树立有助于使政府改变传统的指令导向的公共管理模式和供给导向的公共服务模式，开启人本导向、需求导向的公共管理与服务新模式，为公众提供更优质、高效、个性化的公共服务。例如，公众可以通过手机拍照报修市政设施，政府可以根据公众提交的出行需求打造"定制公交"。当前，随着"多规合一"信息管理平台与一些发达城市局部地区信息模型的建立，我国的智慧治理进入初步具体实践阶段。

智慧治理通过利用物联网（IOT）、人工智能（AI）、数据挖掘（DM）、知识管理（KM）等技术，极大地提高了日常办公、行为监督、社会服务、事务决策等的精细化与智慧化水平，与传统政府治理相比，智慧治理将大幅提升管理的效率与有效性，为形成高效有序、便民透明的新型政府治理方式奠定基础。

走向智慧城市，在智慧信息"感知—共享—判断—反馈"动态全过程的基础上、联合各类智慧技术应用，最终走向多元主体（政府、公众、企业等）共同参与的空间治理，实现智慧治理。

第二节 智慧城市下的国土空间规划信息平台框架设想

智慧城市是一个复杂系统，国土空间规划信息管理平台是其中重要的组成部分。我们认为在城市智慧信息数据的基础上，除国土空间规划信息管理平台外，还可以包含有工商业活动管理信息平台、环境保护管理信息平台、基础设施管理信息平台、民生事务管理信息平台、公共安全管理信息平台等（图8.4）。

在智慧城市的背景下，国土空间规划信息管理平台应具备数据共享功能，实现不同部门之间空间类基础数据和行政审批信息共享。走向智慧城市，国土空间规划信息管理平台需要统一的网络接入、统一的信息储存、统一的信息处理、统一的信息管理与服务。

过去三十年间，不同部门在空间规划中使用的数字技术各不相同。如何将不同部门的地理空间数据库、人口数据库、经济数据库、城市建设数据库以及技术应用进行统一，建构国土空间大数据体系，进而实现精细化的国土空间治理，是信息管理平台建设的难点和首要任务之一。当前在各地广泛应用的"多规合一"信息平台，已在协同编制、协同管理和公众参与等功能方向进行了初步的探索和实践。

其中，信息管理平台协同编制功能在规划编制启动阶段，可以提供基础数据支持；编制过程中，可以及时反馈相关部门和公众意见；在上报审批阶段，可以提供数据检测功能。协同管理功能，可以在规划实施过程中初步实现不同部门的协同管理。公众参与功能可以针对不同的参与对象设定不同的参与功能。例如面向社会公众或企业人员，平台应提供"便捷式"查阅功能和"全流程"参与功能。在规划编制过程中，针对利益相关方提供参与式规划的功能接口。

那么，在智慧城市的背景下，城市信息技术将更多关注多种维度空间效率的提升，AI时代下的信息管理平台将面临更多的空间维度；空间治理未来的策略必须回到以人为本的基本价值观，更加方便公众参与，便于实时信息的交

图8.4 智慧城市下的国土空间规划信息平台（图片来源：自绘）

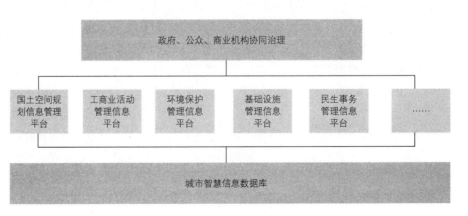

互，而目前多个城市正在的建设的规划信息平台由于缺乏智慧信息和智慧技术接入，在数据获取、服务对象和技术基础方面存在诸多问题，无法全面实现国土空间全域全要素的实时管理要求（表8.3）。

当前"多规合一"信息平台的短板　　　表 8.3

	存在问题	
数据获取	无法涵盖全域全要素，缺少对信息的感知、共享、判断、反馈	AI时代的信息管理平台需对国土全域全要素、地上地下、室内室外各类虚拟、实体要素及时空状态进行深度感知、共享、判断与反馈。当前"多规合一"信息平台缺乏这一动态完整的智慧系统，其信息源主要来源于规划部门数据库、国土部门数据库、发改部门数据库等，数据信息维度单一，无法涵盖国土全域全要素
技术基础	技术基础薄弱，以传统数据库软件与GIS平台为技术基础	"多规合一"信息平台的目标是与平级各相关部门互联互通，完成信息共享，解决空间管理体制不顺，规划协调衔接不畅等问题。技术目标简单，技术基础较为薄弱，难以承担"城市大脑"的角色，对于城市的精细化管理提升有限
服务对象	服务对象单一，仅面向政府职能部门，从管理主体的功能需求来考虑	"多规合一"信息管理平台主要统筹政府的发改、规划、国土、环保等各部门，其服务对象单一。虽然实现了政府职能部门内的信息互通，但某种意义上对外界来讲仍然是种"信息孤岛"，其表现形式多以图纸与数据库为主，交互能力与可视化表达能力较差，公众难于参与治理

（表格来源：根据相关资料整理）

针对这些问题，结合智慧城市内涵与发展方向，国土空间规划信息管理平台建设应在充分利用现有各类规划信息管理平台的基础上，凸显全流程管理、智慧技术和智慧治理三大方面，为提高空间治理体系和治理能力现代化水平奠定技术基础。

国土空间信息管理平台应同时考虑管理主体和公众两方面的需求。从管理主体的功能需求来考虑，国土空间规划信息管理平台要统筹发展改革、自然资源、生态环保、城镇建设、农村农业等各部门，完成"统一规划基础与评价"、"统一战略目标与指标"、"统一空间管控与主导功能"、"统一自然资源管理"与规划实施保障；形成成果质量检查、数据共享交互、冲突智能检测、协同工作管理、年度实施评价、辅助决策支持与数据入库管理等子系统；从市民的功能需求来考虑，国土空间规划信息管理平台要形成多个部门的服务共享与交互系统，方便市民公共参与，实现信息的实时交互。

基于政府和公众双重需求，国土空间信息管理平台重点应从服务对象、应用服务、应用平台、信息资源和软硬件设备等方面进行升级扩展（表8.4、图8.5）。

当前空间治理建设的核心在于有效地运用AI时代下的各类信息技术，通过新兴技术、虚拟空间、实体空间的深度融合，从而实现精细化国土空间的研究与管理。而国土空间规划信息管理平台正是一项新型信息技术，这项技术产生于对已有技术进行集成的需要。未来，国土空间规划信息管理平台将进一步深

国土空间信息管理平台升级的六个维度　　　表8.4

类型	升级扩展内容
服务对象	从政府服务门户扩展互联网服务门户与公众服务门户
应用服务	扩展定制服务（api、服务接口、二次开发等），公众参与服务（数据可视化、信息共享、反馈检测等），空间规划类服务（指标考核、空间格局传导、基础评价等）
应用平台	扩展云基础设施管理、云服务资源管理、云数据资源管理，以便统合从国家到市县的全域国土空间数据库
信息资源	扩展大数据模型库，包括指标与模型
软件设施	扩展动态模拟、智能交互、城市信息模型、建筑信息模型、物联网等技术基础
硬件设施	扩展5G设备与交互感知设备

（表格来源：根据相关资料整理）

图8.5 国土空间规划信息管理平台功能框架（图片来源：根据相关资料自绘）

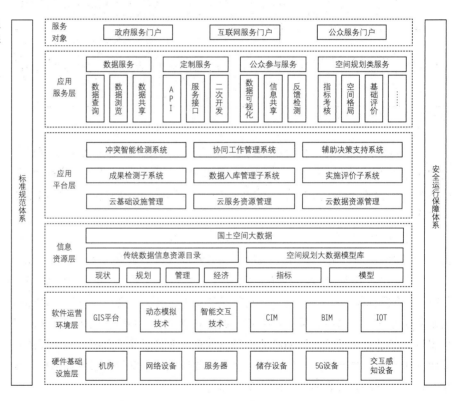

① 各类设施、植被、水体、地貌、部件、设备、自然人、法人等，而这种详细描述能力恰恰是BIM、CIM的专长。GIS实现了人们对于空间信息的1~19级（地图瓦片的一般设置）的面向对象化，赋予了空间实体现实含义。而BIM、CIM需要完成的，就是第20级的面向对象化。

度集成BIM、CIM、GIS和IOT等信息技术，同时融合云计算、大数据、5G等新兴技术，其比本源技术将具有更多优点。

国土空间规划信息管理平台比GIS富含更多来自于CIM的语义信息。国土空间规划信息管理平台需要能够从多个维度完整地描述结构复杂的国土空间系统，丰富的语义信息是必不可少的。① 国土空间规划信息管理平台因此具有了高级别微观世界的语义信息存储、更新、管理和表达的能力，这是国土空间规划信息管理平台相比GIS的一大进化。

国土空间规划信息管理平台比CIM（BIM）更具分析能力。CIM（BIM）是国土空间规划信息管理平台的优秀基因，GIS是国土空间规划信息管理平台的骨架与血肉。CIM（BIM）体现的微观特征需要依托GIS的框架，才能具备精确完整的空间位置信息，才能使得国土空间规划信息管理平台真正落地于实体空间模拟及相关综合分析。

当前，国内外对智慧城市的理论与相关建设方法仍在探索，许多项关键核心技术正位于变革发展期，日新月异。随着智慧规划、治理的技术的推陈出新，国土空间规划信息管理平台开发将日渐成熟稳定。未来将在高度协同化、智能化、智慧化的国土空间规划信息平台上应用深度学习算法、智能识别、精细化等多维度城市模型构建新技术以支撑空间规划与空间治理，最终从智慧城市发展到智慧国土空间，具有极大的发展空间与想象空间。

参考文献

[1] 朱江，邓木林，潘安．"三规合一"：探索空间规划的秩序和调控合力[J]．城市规划，2015（1）．

[2] 潘安，吴超，朱江．规模、边界与秩序——"三规合一"的探索与实践[M]．北京：中国建筑工业出版社，2014．

[3] 朱江、谢南雄、杨恒．"多规合一"中生态环境管控的探索与实践——以湖南临湘市"多规合一"工作为例[J]．环境保护，2016（8）．

[4] 林坚．土地用途管制：从"二维"迈向"四维"——来自国际经验的启示[J]．中国土地，2014（03）：22-24．

[5] 林坚等．城市开发边界的"划"与"用"——我国14个大城市开发边界划定试点进展分析与思考，城市规划学刊，2017（2）．

[6] 卢为民．城市土地用途管制制度的演变特征与趋势[J]．城市发展研究，2015，22（06）：83-88．

[7] 孟祥舟，林家彬．对完善我国土地用途管制制度的思考[J]．中国人口·资源与环境，2015，25（S1）：71-73．

[8] 黄征学，祁帆．从土地用途管制到空间用途管制：问题与对策[J]．中国土地，2018（06）：22-24．

[9] 周璞，刘天科，靳利飞．健全国土空间用途管制制度的几点思考[J]．生态经济，2016，32（06）：201-204．

[10] 潘科，陆冠尧．国外与我国台湾地区土地用途管制制度问题启示[J]．国土资源科技管理，2005（03）：97-101．

[11] 李彦平，刘大海．国土空间用途管制制度构建的思考[J]．中国土地，2019（03）：27-29．

[12] 尹向东．广州市新一轮城市总体规划与土地利用总体规划协调初步探讨[J]．规划+实践．

[13] 吕冬敏．浙江"两规"衔接的创新、不足与改进对策[J]．城市规划，2015（1）．

[14] 尹春荣．近五年来我国行政体制改革研究综述[J]．企业改革与管理，2014-03-13．

[15] 刘珺等．从编制到实施：上海空间规划的探索与思考．规划60年：成就与挑战——2016中国城市规划论文集，2016．

[16] 张文彤等．建立"一张图"平台，促进规划编制与管理[J]．城市规划，2012-04-09．

[17] 余军等．综合性空间规划编制探索——以重庆市城乡规划编制改革试点

为例[J]. 规划师, 2009-10-1.

[18] 唐子来. 英国的城市规划体系[J]. 城市规划, 1999（3）.

[19] 徐颖. 日本用地分类体系的构成特征及其启示.

[20] 郑永年. 中国的"行为联邦制"中央—地方关系的变革与动力.

[21] 彭冲, 王朝晖, 孙翔等. "数字总规"目标下广州土地利用现状调查与思考[J]. 城市规划, 2011（3）.

[22] 常新, 张杨, 宋家宁. 从自然资源部的组建看国土空间规划新时代[J]. 中国土地, 2018（5）.

[23] 黄玮. 中心·走廊·绿色空间——大芝加哥都市区2040区域框架规划[J]. 国外城市规划, 2006（4）.

[24] 刘昭吟、林德福、潘陶. 战略规划意义之两岸比较[J]. 国际城市规划, 2013（4）.

[25] 赵燕菁. 探索新的范式: 概念规划的理论与方法[J]. 城市规划, 2001（3）.

[26] 刘树梅等. 密云, 聚世上景, 集天下人[N]. 人民政协报, 2002-03-10.

[27] 张兵. 敢问路在何方?——战略规划的产生、发展与未来[J]. 城市规划, 2002（6）.

[28] 刘慧, 樊杰, 李杨. "美国2050"空间战略规划及启示[J]. 地理研究, 2013（1）.

[29] 王旭, 罗震东. 转型重构语境中的中国城市发展战略规划的演进[J]. 规划师, 2011-12.

[30] 王蒙徽. 推动政府职能转变, 实现城乡区域资源环境统筹发展[J]. 城市规划, 2015-06.

[31] 石嵩. 特大城市地区如何引领实现百年目标[J]. 城市规划, 2018（3）.

[32] 王飞, 石晓东等. 回答一个核心问题, 把握十个关系——《北京市城市总体规划（2016年-2035年）》.

[33] 朱介鸣. 城市发展战略规划的发展机制——政府推动城市发展的新加坡经验[J]. 城市规划学刊, 2012（4）.

[34] 李枫, 张勤. "三区""四线"的划定研究——以完善城乡规划体系和明晰管理事权为视角[J]. 规划师, 2012（11）.

[35] 王晓, 张璇等. "多规合一"的空间管制分区体系构建[J]. 中国环境管理, 2016（3）.

[36] 何冬华. 空间规划体系中的宏观治理与地方发展的对话[J]. 规划师, 2017（2）.

[37] 胡耀文, 尹强. 海南省空间规划的探索与实践——以《海南省总体规划（2015—2030）为例》, 城市规划学刊, 2016（3）.

[38] 董珂, 张菁. 城市总体规划的改革目标与路径[J]. 城市规划学刊, 2018（1）.

[39] 熊健，范宇等．从"两规合一"到"多规合一"——上海城乡空间治理方式改革与创新[J]．城市规划，2017（8）．

[40] 孙继伟，熊健等．科学编制"上海2040"，发挥总规引领作用[J]．城市规划，2017（8）．

[41] 林坚，陈诗弘等．空间规划的博弈分析[J]．城市规划学刊，2015（1）．

[42] 四川省省住建厅．城市开发边界划定导则（试行）．

[43] 卢为民．城市土地用途管制制度的演变特征与趋势[J]．城市发展研究，2015，22（06）：83-88.

[44] 潘科，陆冠尧．国外与我国台湾地区土地用途管制制度问题启示[J]．国土资源科技管理，2005（03）：97-101.

[45] 孟祥舟，林家彬．对完善我国土地用途管制制度的思考[J]．中国人口·资源与环境，2015，25（S1）：71-73.

[46] 黄征学，祁帆．从土地用途管制到空间用途管制：问题与对策[J]．中国土地，2018（06）：22-24.

[47] 童菊儿．城镇低效用地再开发专项规划编制与存量土地规划编制[Z]．

[48] 袁奇峰．城乡统筹中的集体建设用地问题研究——以佛山市南海区为例[J]．规划师，2009.

[49] 何冬华，袁媛，杨箐丛，周岱霖．佛山市南海区在广佛同城化中的应对策略研究[J]．规划师，2011，27（05）：106-111.

[50] 刘晓逸，运迎霞，任利剑．存量规划的市场化困境[J]．城市问题，2018，279（10）：47-54.

[51] 田莉等，基于产权重构的土地再开发——新型城镇化背景下的地方实践与启示[J]．城市规划，2015（1）：22-29.

[52] 赵燕菁．城市化2.0与规划转型——一个两阶段模型的解释[J]．城市规划，2017，41（3）：84-93.

[53] 宋卫刚．政府间事权划分的概念辨析及理论分析[J]．经济研究参考，2003，01：44-48.

[54] 郑永年．中国的"行为联邦制"[M]．北京：东方出版社，2013.

[55] 张琳薇，卢为民．伦敦：集约用地与环境宜居互促共赢[J]．资源导刊，2016（02）：54-55.

[56] 文超祥．走向平衡——经济全球化背景下城市规划法比较研究[J]．城市规划，2003（05）：13-18.

[57] 吕萍，卢嘉，周方圆．土地督察制度理论研究与实证分析——基于国家土地督察数据的分析[J]．中国国土资源经济，2013，26（12）：21-25.

[58] 董珂，张菁．加强层级传导，实现编管呼应——城市总规空间类强制性内容的改革创新研究[J]．城市规划，2018，42（01）：26-34.

[59] 金江军，承继成．智慧城市刍议[J]．现代城市研究，2012（6）：101-104.

[60] 龙瀛，刘伦伦. 新数据环境下定量城市研究的四个变革[J]. 国际城市规划，2016（10）：64-73.

[61] 工信部电信研究院. 物联网白皮书（2011）[J]. 中国公共安全，2012（3）：148-152.

[62] 张彦英，樊笑英. 生态文明建设与资源环境承载力[J]. 中国国土资源经济，2011，（4）：9-11.

[63] 常纪文. 生态文明建设的成效、问题与前景[N]. 人民日报，2018-10-29（16）.

[64] 岳文泽，王田雨. 资源环境承载力评价与国土空间规划的逻辑问题[J]. 中国土地科学，2019，（3）：1-8.

[65] 吴振宇，严瑾，黄涛. 固原市土地资源耦合性分析[J]. 农业科学研究，2019，（1）：23-28.

[66] 饶篁. 西南边疆地区耕地集约利用评价研究——以云南芒市为例[D]. 云南：云南财经大学，2012.

[67] 杨俊. 基于适宜性评价的吉首土地利用空间结构优化配置研究[D]. 湖南：吉首大学，2018.

[68] 喻忠磊，张文新，梁进社，庄立. 国土空间开发建设适宜性评价研究进展[J]. 地理科学进展，2015，（9）：1107-1122.

[69] 周望. 基于GIS的未利用地宜耕适宜性评价研究——以郧阳区为例[D]. 湖北：湖北大学，2015.

[70] 常雪梅、程宏毅. 习近平：保持加强生态文明建设的战略定力 守护好祖国北疆这道亮丽风景线[N]. 人民日报，2019-03-06（01）.

[71] 欧洲空间规划制度概要，1997.

[72] 生态文明体制改革总体方案，中华人民共和国中央人民政府门户网站，2015年9月21日.

[73] 中共中央国务院关于加快推进生态文明建设的意见（中发〔2015〕12号）.

[74] 中共中央关于深化党和国家机构改革的决定.

[75] 深化党和国家机构改革方案.

[76] 国务院机构改革方案.

[77] 关于建立国土空间规划体系并监督实施的若干意见.

[78] 国家生态保护红线——生态功能基线划定技术指南（试行）（环发〔2014〕10号）.

[79] 生态保护红线划定技术指南（环发〔2015〕56号）.

[80] 生态保护红线划定指南（环办生态[2017]48号）.

[81] 关于推进农村改革发展若干重大问题的决定.

[82] 关于进一步做好永久基本农田划定工作的通知（国土资发〔2014〕128号）.

[83] 关于全面划定永久基本农田实行特殊保护的通知.

[84] 关于全面实行永久基本农田特殊保护的通知.

[85] 国务院办公厅关于建立国家土地督察制度有关问题的通知（国办发〔2006〕50号）.

[86] 关于开展2010年派驻城乡规划督察员工作的通知（建稽〔2010〕138号）.

[87] 第二次全国土地调查技术规程.

[88] 第三次全国土地调查总体方案.

[89] 住房城乡建设部关于城市总体规划编制试点的指导意见（建规〔2017〕200号）.

[90] 国务院关于开展第二次全国土地调查的通知国发〔2006〕38号.

[91] 全国草地资源清查总体工作方案（农办牧〔2017〕13号）.

[92] 国家新型城镇化规划（2014—2020年）.

[93] 陕西省城市开发边界划定工作办法（试行）.

[94] 厦门"多规合一"技术报告.

[95] 广州市"三规合一"技术报告.

[96] 广州市城市总体规划（2017—2035）阶段成果.

[97] 广州市土地利用总体规划（2017—2035年）阶段成果.

[98] 广州市土地利用总体规划（2006—20020年）.

[99] 广州市城市总体规划（2010—2020）.

[100] 广州市国土空间总体规划（2018—2035年）阶段性成果.

[101] 浙江省德清县"多规合一"试点工作成果.

[102] 湖南省临湘市"多规合一"试点工作成果.

[103] 陕西省榆林市"多规合一"试点工作成果.

[104] 宁夏回族自治区"三规合一"暨"多规融合"成果.

[105] 宁夏回族自治区空间规划试点工作成果.

[106] 广州市城市总体发展战略规划——从"拓展"到优化提升.

[107] 武汉市"两规合一"《武汉国土资源和城市规划》2011年第2期.

[108] 21世界经济报道.

[109] 全国规划体制改革试点城市确定苏州宁波等6地首批试点，城市规划通讯，2004（2）.

后 记

改革开放以来，我国城镇化发展实现了历史性跨越，但以牺牲资源环境为代价换取城镇高速发展的模式亟待转型。随着资源环境硬约束逐步凸显，空间性规划重叠冲突、部门职责交叉重复、地方规划朝令夕改等问题严重制约了我国空间治理水平和治理能力的提升。

2014年2月习近平总书记在北京考察时强调，"考察一个城市首先看规划，规划科学是最大的效益，规划失误是最大的浪费，规划折腾是最大的忌讳"。

我国空间规划体系改革自下而上和自上而下相结合，走出了一条具有中国特色的空间治理之路，值得回顾和总结。从"多规合一"实践到空间规划体系重构，既存在诸多机遇，也面临不少挑战。

在空间规划体系重构的重大历史时期，回望改革的来路，能让我们看清来处、不忘初心。展望改革的方向，更让我们坚定信心、聚力前行。

本书作者长期奋战在"多规合一"和空间规划改革实践一线，参与二十余项市县"多规合一"试点、省级"多规合一"试点、国土空间总体规划等实践项目，鲜活的案例与理论的探讨给本书带来了不少精彩的观点。

在本书写作过程中得到了许多朋友的帮助。感谢姚江春、杨光辉、陈长成、李乔琳、黄嘉玲、陈天航等在本书成稿过程中的帮助。感谢闫建龙、陈天航、黄冬翔、陈桂良等为本书绘制精美的插图。感谢广州市国土空间总体规划、宁夏回族自治区空间规划试点、榆林市"多规合一"、浙江德清"多规合一"、临湘"多规合一"、广州"三规合一"、厦门"多规合一"、南海"多规合一"等项目组的参与成员，你们为项目付出的辛勤劳动给本书提供了众多精彩的案例。

感谢笔者家人在本书研究和写作过程中给予的支持和理解，谢谢！

图书在版编目（CIP）数据

多规合一 / 朱江等著. —北京：中国建筑工业出版
社，2019.12
ISBN 978-7-112-24479-9

Ⅰ.①多⋯ Ⅱ.①朱⋯ Ⅲ.①城市规划–研究–中国
Ⅳ.①TU984.2

中国版本图书馆CIP数据核字（2019）第272196号

责任编辑：唐　旭　杨　晓　孙　硕
责任校对：李欣慰

多规合一
朱江　尹向东　杨箐丛　潘安　著
*
中国建筑工业出版社出版、发行（北京海淀三里河路9号）
各地新华书店、建筑书店经销
北京锋尚制版有限公司制版
北京中科印刷有限公司印刷
*
开本：787×1092毫米　1/16　印张：11¾　字数：252千字
2019年12月第一版　2019年12月第一次印刷
定价：48.00元
ISBN 978-7-112-24479-9
（35013）